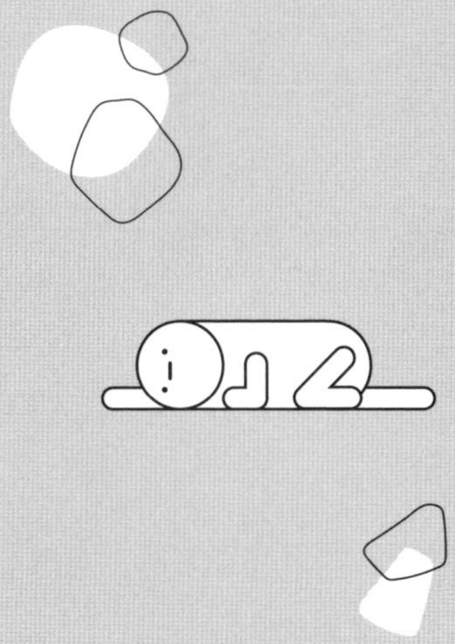

DO IT TODAY
死線患者的自救書

從根本解決拖延的「注意力管理心法」，
讓你今天就去做！

DARIUS FOROUX
達瑞斯・佛瑞克斯 著　童唯綺 譯

各界推薦

這是一本實用的自助指南，集結了佛瑞克斯過去發表的文章中最精華的三十篇，分享他的親身經歷和工作哲學。

書中所說我深有所感。每個人的時間都是有限的，我們無法控制時間，但可以改變看待及運用時間的方式。

把握當下、立即行動，別再等到明天！書中的實用建議，想要提高生產力、擺脫拖延症的你，肯定會有收穫的。

——**劉奕酉**（鉑澈行銷顧問策略長）

拖延，是當代人的常態。我們隨時都面臨多工處理，注意力被分散，行動力也被大大耗損，想做的事很多，每天沒做幾件事就累了。該如何提升動力、增加產出？翻開這本書，改善重度拖延症，今天就開始做些什麼。

——**盧美妏**（人生設計心理諮商所 共同創辦人／諮商心理師）

CONTENTS

PART 1

克服拖延症

PART 2 提高生產力

PART 3 獲得更多的成就感

前言

「今天就去做」將改變你的一生

感謝你願意花寶貴的時間閱讀本書，藉此提高生產力。這本書於二〇一八年首度問世時就受到讀者熱情的支持，那時全球經濟一片看好，大家也都對網路商機抱持高度期待。我寫這篇新版序言距離當時已經過了四年，如今我們生活在一個與四年前相比不可同日而語的世界裡。

自從二〇二〇年發生新冠疫情之後，我們現在面臨的是嚴重失控的通貨膨脹、發生於歐洲的戰爭……諸如此類的全球性挑戰似乎永無止境，然而現代生活中我們還面臨另一個更大的挑戰，那就是大家的態度變得更加消極。

很多人都活得有如行屍走肉一般，因為每日生活的壓力排山倒海而來、讓人喘不過氣，光是維持生存就已耗盡力氣。

要怎麼在當今環境中持續成長？如何充分發揮自己的潛能？這個世界既複雜又充滿誘惑，很容易讓人迷失自我，我們不能任由這樣的情況發生，必須身體力行去管理自己的時間、注意力和採取的行動。唯有如此，才能真正地活出自我。

這就是本書的意義，在當今步調快速的世界裡，為你提供一套容易適應並能蓬勃發展的工具。你不必犧牲心理健康就能增進生產力、提升專注力並克服拖延症。你可以在完成很多待辦事項之餘，同時也感到快樂。有個老生常談說：如果你想在人生中獲得成就，就必須成為一個悲慘的工作狂——這不過是荒謬的迷思罷了。根據我從讀者那裡收到的回饋，我能夠很有信心地說你絕對能在本書的幫助下跳脫這樣的窠臼。

我百分之百同意「書擁有改變一切的力量」的看法，這也是我開始寫作的原因。多年來，我一直試圖尋找突破並改變自身生活的方法，我所追求的也是很多人都渴望的事物：美好的生活、熱愛的事業、進行有趣的事、賺大錢以及與很棒的同伴共度時光。然而，直到我發現到個人生涯發展書籍，我才明白要如何才能實現那些願望。

「今天就去做」是一項運動，一套哲學，一種生活方式。

這個標題起初並沒有什麼深刻的涵義。我以前寫過一篇名為〈今天就去做〉的文章，我認為這篇文章恰好可以體現我的人生哲學，但對於這個標題並沒有太多想法。最近我在努力工作的同時，注意到會一直重複告訴自己「今天就去做」，甚至連我騎著公路自行車鍛鍊，在騎了快一小時、即將迎來終點時，我也對自己複誦了這句話。

「今天就去做」意味著要求自己對於眼前的任務全力以赴。不要老是想著「我明天還要上班，還是不要搞得太累吧」，或其他可能拿來偷懶的藉口——不得不說，我心裡總會浮現這類的聲音。

就以撰寫這篇前言來說吧，我花了整個星期在想這件事。有時候，我們需要先對自己信心喊話好幾次「今天就去做」，才有辦法真的能在當天實際去執行。這樣也不錯，不管怎樣這句座右銘有助於你去做進行有意義的工作。

「今天就去做」也是一種生活方式，我已經實踐很多年了，如果你還沒有人生座右銘，我很鼓勵你採用。每當你準備好要工作時請對自己說這句話；每當你想運動又懶得離開家門時，也請對自己說這句話吧。如果你的另一半也常賴在家裡不動，你也可以跟對方分享這句話。當然也可以跟同事說這句話，彼此激勵，在更短的時間內完成更多工作。如果你在社群媒體上發文分享近期的人生目標，不妨使用主題標籤「#今天就去做」（#DoItToday），總之，任何可以幫助你體現本書哲學的方法都值得一試。再說，這種生活方式不只值得一試，而且對你自身的健康、職業和人際關係都有好處，因為大家都喜歡言出必行的人。

我可以繼續喋喋不休地討論本書所能帶來的益處，不過，我們還是先開始認真執行書中的訣竅吧。我花了點時間重新評估書的內容有哪裡需要更新，但老實說，當今大環境其實比起往年反而更加適合本書內容。事實上，提高生產力和克服拖延症將是今後最重要的事情之一，如果我們能夠提高生產力並保有理智，將會獲得無限的機會。我希望這本書也能改變你的人生，請好好享受這趟閱讀之旅吧。

——達瑞斯

關於本書

我在撰寫這段文字的時候，遇到了一個突發狀況：我無法登入平常用來發送電子報的信箱。我都是透過這個信箱帳號來經營部落格，它的重要性跟部落格本身不相上下。無法登入的原因是我遭到了「名單轟炸」（list-bombed），也就是說，有垃圾郵件發送者發動惡意攻擊，透過我的訂閱者的聯絡人名單，將電子報大量傳送給其他不相關的使用者，導致我的帳號被人檢舉。

在他們眼裡，我只是個到處亂寄垃圾郵件的人。事實上，我有自己的生活，每周發表文章並與讀者保持聯繫也是我生活的一部分，然而現在我被奪走這一切。一般情況下我會對此感到生氣，並開始找個人來怪罪，畢竟我可是投入很多時間才建立起這麼龐大的訂閱名單。我的確因為無法登入信箱而一度感到不安，但你知道我接下來做了什麼事嗎？我開始做其他「重要的事情」，也就是開始寫這本書。

就這樣，我轉移目標，立刻做下一件事，生活步調一如既往，不會因此停頓下來。

流逝的每一秒鐘都把我們一步步推向死亡。三年前的我與今天的我有天壤之別。以前的我會抱怨、自怨自艾、怪罪別人，不會做任何有意義的事，但後來透過每周閱讀、寫日記和部落格，我的生活得以轉變。

我在這三年的時光裡重新形塑了我的人生哲學，也就是：今天就去做。我應該不必告訴你生命是有限的，而且消逝的時間是無法倒流的。我們投入某件事的每一秒都是我們永遠無法再擁有的時間，但我想要鼓勵你去挑戰更大的未來藍圖。

你今天所做的事情可能決定了你一年、兩年、甚至是十年後的境遇。每一天，我們可能都在做自己不喜歡的事——我說的不是繳帳單或者掃浴室，而是你在哪裡投入了大部分的時間，那些時間將會總結成你的一生。

我國中時第一次看電影《鬥陣俱樂部》，從那一刻起，電影中有句台詞一直銘刻在我的腦海裡：「你的工作並不代表你是誰，銀行裡有多少錢也不能代表你是誰。」我很慶幸當年看了這部電影，而且多年來一再重溫電影和原著小說。正是這個想法啟發我開始獨立思考，既然工作和存款不能代表我是誰，那到底什麼可以？

十幾年來我一直在思考這個問題，到目前為止，我相信是「行動」足以代表一個人，因為行為會顯露一個人的性格。從這一點來看，要說工作代表我們是誰或許也不算錯。畢竟我們大部分的時間都花在「謀生」這項行動上。不管你喜歡與否，都必須撥出人生一部分時間來做這件事，絕大多數人一生都在用時間換取金錢，但也有一些人是把時間運用在不同的事物上，因此未來可以獲得更好的生活。

這就是為什麼我奉行「今天就去做」的座右銘，特別是那些重要的事情，例如：

- 閱讀
- 鍛鍊身體
- 投資
- 節省
- 與我愛的人好好相處
- 開懷笑
- 預排假期
- 享受我的生活

甚至繳帳單也算在內，因為無論發生什麼，我都會在今天做重要的事情，而不是等到明天再做。

找出對你來說重要的事

這本書不是關於生活小技巧、生產力訣竅或任何其他策略，當然我時不時會分享一些親身驗證過的方法，幫助你在更短的時間內取得更多成果。書中是我用心撰寫的文章，希望能讓大家對人生更有洞見。

其實美好生活的祕訣很簡單：弄清楚自己想要什麼，並把其餘細枝末節從生活中消除掉。這個祕訣說起來真的是簡單到不行，但我花了很多年才明白個中道理，本書就是我一路走來的心路歷程。

「今天就去做」是我克服無止境拖延、提高生產力和完成更有意義的事情的指引，當然也能為你所用。

本書的結構

這趟自我探索旅程分為三個部分，第一部分會帶領大家改變看待生活的方式。不再拖延，不再感到遺憾，不再後悔。我想跟大家分享一件事，我祖母在人生的最後幾年一直纏綿病榻，她不停提起那些這輩子沒有做過的事情，當然也談到了那些發生在她生命中美好的事情。

但是後悔可說是後座力強大，甚至有研究顯示，負面情緒對我們心理的影響比正面情緒更大。因此，在說明如何有效利用時間並完成更多事情之前，我想先聚焦於我們的心理層面，第一部分的宗旨就是讓人從消極狀態轉變為積極狀態。我希望你閱讀完第一部分之後能夠學會掌控自己的人生。

只要你學會主宰自己的人生以及掌控自己的時間，就可說是物超所值了，因為生產力的重點就在於將你的時間運用得淋漓盡致。第二部分會告訴你如何做到這一點，而且還不是常見的「這樣做就會提高生產力」的老掉牙內容。對於生產力的提升，我自有一套不同的方法，舉例來說，其中一章是關於如何在一年內閱讀一百本書。我的心法不一定與生產力直接相關，但確實說明了我如何處理對我來說很重要的事情。決定自己的目標之後，必須有一張可以帶你到達目的地的地圖，同樣地，我們在人生中也必須為自己繪製藍圖。這些與生產力沒有直接相關的章節，是為了讓你可以了解我的思考過程，明白我如何面對挑戰，這樣你才能將這些策略應用到自己的生活中。

最後第三部分將會探討如何堅持下去。在閱讀一篇文章或聽取建議之後，快速地進行一日應用是很容易辦得到的事，但只執行一天是沒有幫助的，只有透過日日累積的小事才能獲得真正的進步並且成就大事。第三部分有一章正是在說明「複利的力量」，每天做一點小事就會積少成多，日漸形成強壯的身心、自立自強的態度、豐厚的回報等等。除此之外，根據過往的教訓，我了解到複利效果同樣適用於負面習慣。

每天抱怨、吃垃圾食物、從不運動……這些事情也會日積月累，成為我們過得痛苦不堪的原因。我們很少聽說過哪個特定的瞬間摧毀了一個人生活（當然，這樣的悲劇確實存在），對大多數人來說我們只是眼睜睜讓時間從身邊溜走。我們之所以決定「今天不去做」，往往是抱持著「做了又沒有意義」的想法。重點就在這裡：如果你知道如何活，人生就會很美好。本書中的三十個章節形成了一個不可動搖的生產力系統。

當你養成書中提及的習慣，就可以應付生活帶來的任何挑戰，你不再一味希望生活能變得更輕鬆，因為你現在變得更強大了。在我寫這篇文章時，陽光明媚，萬里無雲，氣溫宜人，我聽著Apple Music上的輕音樂播放清單，心裡能想到的就是「人生真美好」。親愛的讀者，就讓我們開始吧。

如何閱讀本書

在正式開始之前，我想分享自己對於如何閱讀一本書的經驗和教訓——尤其是像這本實用性的書籍。

- 閱讀一本書沒有任何規則，你可以隨意以任何方式或想要的閱讀順序。
- 跳過你覺得跟自己無關的部分，不必非得從頭閱讀這本書不可。
- 畫重點和做筆記，有助於記住更多內容。
- 不妨在閱讀前先快速翻閱一遍，我的經驗是這樣自己更能理解應該跳過或細讀哪些的內容。有時候我會發現自己無法跳過任何章節，有時候則可能跳過半本書。

- 你只需要一個想法就足以改變生活，一本書能夠給出你一項好建議，其實就已經很值得你花時間閱讀了。

預祝你有愉快的閱讀體驗。

PART 1

克服拖延症

「就算逃得了今日，也無法規避明天的責任。」——林肯總統

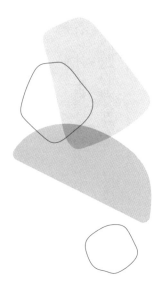

今天就去做，不是留到明天再說

每次我做決定時拖拖拉拉、鬧鐘響起時按下貪睡按鈕、看到健身房退避三舍，或是因為不想做而沒有完成一些任務，我總是會為自己的慣性拖延找個藉口。我都會自我催眠是因為我累了、事情明天再做也沒差……反正沒人在乎你是否拖延不做某件事，對吧？

其實「你」應該在乎才對。因為「你」才是自己人生的主人，我們常常將生產力訣竅、應用程式或工具視為解決問題的神奇解方，但這也代表著我們容許自己將生產力的低落歸咎於外在因素。

- 「這不是我的問題，我的中古筆記型電腦真的很爛，這樣怎麼工作啊！」

- 「辦公室實在太吵了。」
- 「我一直被電話和訊息打斷啊。」
- 「我很忙，一直沒有額外的時間。」

對抗拖延症是一場個人的內在戰鬥，我自己就有過許多經驗。其中一次是我覺得個人職涯陷入困境，那是我和父親共同創辦一家公司兩年後發生的，當時我整個人焦躁不安，因為總是在想著要做更多、要學得更多才行。

後來我開始自由接案，例如架設網站、撰寫文案、進行內容行銷和美術設計，但這個「轉職」並沒有成功。原因在於我其實是透過自由接案來逃避那些麻煩的工作、艱鉅的任務。

我們都會有逃避的時候

創立公司或打造職涯並非易事，有很多困難、沉悶和讓人苦哈哈的差事等著你來完成。如果你想要更多的顧客或業績，沒有人會主動給你，你必須自己努力招攬生意，像是做內容行銷、一對一銷售，透過網路或其他任何方法竭盡所能地發展業務。如果你是受雇於人，想在公司獲得升遷機會，則必須尋找盟友、擬定策略，讓大家看到超乎預期的表現，並將手上的任務做到最好。

這些就是你該做的，而且大多數人其實都心知肚明，在工作中獲取成功沒有其他祕訣，然而我們往往寧可逃避分內工作。我認為這就是拖延問題的關鍵所在。

你明明知道自己必須做什麼，但就是不想做，反而決定點進新聞網站看過一則又一則沒用的新聞報導，或者是不停滑ＩＧ，但沒有按讚任何一則限動或貼文，因為你很討厭自己當下的生活，又或者你會跑去逛各大品牌的線上商城。以上這些都是我曾經做過的傻事，即使到了現在也不時會在生活中上演。例如，我正在規劃一本新書，雖然已經知道要寫什麼主題，甚至連書名都想好了，但寫作對我來說仍然是一件非常困難的工作。

為了尋求解脫，我就會開始回覆電子郵件、閱讀網路文章、去喝杯咖啡、線上購物以及處理瑣碎的重複性工作。原因並不是我做事亂無章法，而是我正在與內心的掙扎奮戰。史蒂芬・普雷斯菲爾德（Steven Pressfield）在他的代表作《藝術之戰》（*The War of Art*）中將這種內在的敵人稱為「抵抗」，他對此是這麼說的：「抵抗總是在撒謊，而且永遠都在鬼扯一通。」

今天就去做，而不是留到明天再說

我必須時時提醒自己這一點，每次拖延症上身時心裡總是想著明天再做——我直到現在還是會這樣，這或許也是人類的天性和本能。現在的我和三年前的我只有一項很小且單純的差別：我打造出一套方法，順利過著快樂、高產出和有目標的生活。

以前的我不知道該怎麼把事情做好，總是很快就放棄，常常覺得自己卡在原地動彈不得，既不快樂又沮喪，但現在我找到了克服的方法：

- **我每天都鍛鍊自己的心理韌性（mental toughness）**。過去我總是太過輕忽自己的大腦，因此心理脆弱，容易想太多，也難以倚賴自己。並不是我缺乏所需的技能，而是因為我不相信自己擁有解決問題的能力，所以我開始閱讀有關斯多葛主義、實用主義（Pragmatism）和正念的書籍，認真去做任何有助於控制自己的思緒、提高心理韌性的練習。我不想成為自身思想的奴隸，我要反其道而行。
- **我每天都會運動**。我只要不運動就會感到焦躁不安，缺乏專注力和自信心，也會精神不佳。每天鍛鍊大腦和身體讓我可以保持在「備戰狀態」，我也體會到想要克服拖延症，就要從事前準備開始，畢竟士兵不會沒有經過訓練就貿然上戰場。我們應該要隨時讓精神和身體都保持良好的狀態。
- **我有一套日常習慣能幫助我掌控自己的生活**。我會寫日記、閱讀、設定每日優先事項，不消耗時間在無用的資訊上面。此外，我每天都會與朋友和家人互動，人與人的接觸很重要，也讓我能過得腳踏實地。我對生活沒有過高的期望，很享受目前的生活，不會好高騖遠地追求不切實際的目標。

● **我會列出必須完成的小型（但重要）任務清單。**舉撰寫新書為例，「坐下來開始寫作」就是我經常想要逃避的任務。我會告訴自己今天還沒準備好、明天會比較有靈感等，但只要每次腦海中浮現這樣的藉口時，我就會打開任務小清單來看看，並在今天完成其中一項。

● **我研究說服的原理並加以實踐來發揮影響力。**我的職涯顧問教導我：「你可以成為世界上最好的作家和老師，但如果沒有人知道，你就無法產生影響。」研究「說服」背後的原理可以幫助你寫出更好的行銷文案、求職信、電子郵件等。

要幫以上五個方法打好基礎需要投注大量的時間，因為這不是一蹴可幾的魔法。要過著高生產力的生活並不容易，你需要的絕對不是零星幾個小技巧或應用程式工具，而是該發展出可以持續不斷的系統來支撐你的生活、職涯和生意。請想一想，什麼樣的系統能幫助你過著高生產力的生活？

不管答案是什麼，請從今天開始努力實行吧，不要留到明天再說。

無法集中注意力時該怎麼辦？

想好好完成眼前工作對你來說是不是很困難？你是否經常被訊息通知、八卦或其他瑣事分散了注意力？如果是的話，我們可說是同病相憐，因為要專注於一件事情上真的是非常困難，總會有各式各樣的外在干擾打斷你：

- 另一個人
- 一通電話
- 一場會議
- 虛驚一場的緊急狀況
- 你的貓

- 別人的貓
- 昨晚職棒比賽的新聞

你當然可以把責任都怪罪到這些人事物上，但這很沒說服力，因為你知我知，如果沒有你的許可這些事情其實是無法打擾到你的。這代表每次注意力不集中時，你都在允許某人或某事進入腦海裡。但我也得承認長期保持專注力實在不是件容易的事，有時候我也會屈服於那些干擾，這可不是件好事。

你的生活不會因為跟人交換八卦、狂刷ＩＧ、拚命看YouTube影片和閱讀負面新聞報導而獲得助益。那麼，到底該怎麼做才能提高注意力？每次發現自己無法專注於重要的事情時，我總是做以下兩件事。

1. 刪除、刪除、刪除

我們每天都在積累東西，我說的不只是購買的物品，例如衣服、廚具、家飾、玩具之類的。我們也會堆積想法，由於每天接觸到如此多的想法，所以或多或少都會採納部分將其變成我們自己的想法。比如說，很多人告訴我我應該要製作更多YouTube影片，其中包括我的家人、朋友、團隊成員、讀者、學生——每個人都有想法，也都想提供幫助。同樣地，我也會跟別人分享自己的想法，希望能幫助他們改善生活、工作或人際關係。只要是人都會這麼做，所以分享想法並沒有什麼問題。

然而，要是你對其他人的想法來者不拒，一味接受，問題可就大了。聽到很多人建議我該製作更多YouTube影片之後，我確實從善如流地想：「有道理，我該投入更多時間製作YouTube影片。」於是接下來半年內我一直在思考這件事，還投入了大量時間擬訂策略：「我的影片該講什麼內容？要在哪裡錄影？怎麼剪輯？要準備那些音樂素材？」我耗費了很多心力，也成功上傳第一支影片。

我收到了很正面的迴響，但問題是製作影片會消耗掉我太多的時間和精力，導致我用來寫作、錄製Podcast和構思新課程的時間大幅減少。偏偏這些才是我真正想做的事，我之所以創立部落格就是喜歡寫作，而且我擅長寫作。跟我不擅長的「製作YouTube影片」相比，寫作無疑是更容易達成的任務。

此外，我也很喜歡替自己的線上課程編寫教材，即使過程中會遇到困難我也有足夠的幹勁解決，但是在製作YouTube影片的時候，我卻經常感到挫折和沮喪，並進一步影響到專注力和工作進度。發現自己的注意力不集中，於是我自問：「我應該刪除哪些事項，才能讓我的生活變得簡單而且更容易集中注意力？」

我最後決定要放下經營YouTube的任務。「刪除法」是我在各個生活領域都會使用的一項關鍵策略。我們會長年累積許多不必要、亟需消除的包袱：

- 想法
- 計畫
- 工作

● 目標

如果你發現自己難以集中注意力，請試試看這個策略。讓生活變得簡單一點，你就可以輕鬆完成你重視的任務。說真的，有誰會想要每天過著很複雜、逼人的生活？人生已經很不容易了，我們不要讓事情變得更複雜才對。

2. 回顧成功的經驗

回顧過往的成功經驗和幸福感會刺激血清素的產生。血清素一種神經傳導物質，能控制許多重要的生理機能，也有助於減少憂鬱、增加性慾、穩定情緒、控制睡眠和調節焦慮等。當你的血清素下降時，可能會導致缺乏長時間的專注力，讓你難以按照原定計畫行事。

換句話說，每次注意力不集中，就代表你的血清素可能偏低，也造成你沉迷於短期的快樂，例如外出遊玩、喝酒、購物、做愛、看電視或任何其他能帶給你短暫快樂的事情。想要提高注意力，就請提升你的血清素濃度。研究顯示運動可以做到這一點，除此之外還有其他同樣有效但更容易執行的方法，你需要做的就是回想過去發生的正面事件。

加州大學洛杉磯分校的神經科學家柯亞力，在他的著作《一次一點，反轉憂鬱》中解釋了為什麼回顧正面事件可以幫助你專注於重要的事情：「為了提高血清素，你所需要做的就是記住生活中發生的正向事件。這個簡單的動作會增加前扣帶皮層產生血清素，而這個皮層就位於控制注意力的前額葉皮質區後面。」

只要血清素升高，你的注意力就會增強，這就是你應該做的。我知道聽起來有點老生常談，但是遇到問題你就必須解決才行。所以每次我難以集中注意力時，我做的第一件事就是承認自己有一個需要解決的問題，要知道，有些人活到現在甚至都不曾承認自己有問題。

- 每兩分鐘查看一次手機是不正常的。
- 一直跟人講八卦是不正常的。
- 感到無聊是不正常的。

請專注於你的生活，仔細想想什麼對你來說很重要，然後就去做這些事情，同時避免注意力分散。祝你好運。

如何戰勝拖延症（透過科學方法）

自從人類文明發源以來，拖延症就一直存在。古希臘學者希羅多德、文藝復興時期巨匠達文西、現代藝術大師畢卡索、美國開國元勛班傑明・富蘭克林、前美國第一夫人愛蓮娜・羅斯福等歷史名人都曾談到拖延是獲得成果的大敵。

我最喜歡的拖延金句出自前美國總統林肯：「就算逃得了今日，也無法規避明天的責任。」我們都知道拖延是有害的，沒有人喜歡這樣做，我也不喜歡，諷刺的是東拖西拖偏偏佔據我人生很大一部分。我上大學的時候，每個學期都會這種情況發生：

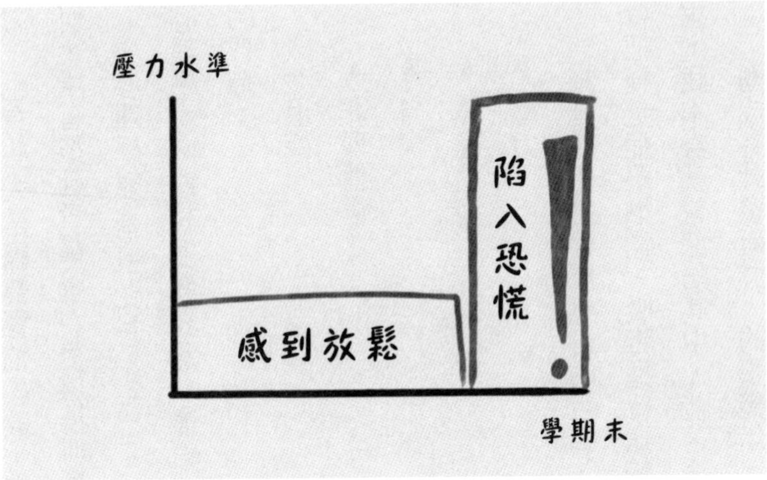

每個學期初我都是那個酷得要命的青春大學生，盡情地放飛自我、外出玩樂，享受精彩大學生活，完全沒有感受到任何壓力。然而，到了期中與期末考試前一周，我就會開始感到恐慌。

「老兄，你怎麼不早點開始念書呢？」我總會如此自問，並且買一大堆提神飲料閉門苦讀，內心同時感到崩潰不已。研究顯示：拖延只會讓人在短時間內心情變好，但從長遠來看，你的痛苦是不減反增的。至於拖延的原因則無關緊要，有些人是因為喜歡這種狗急跳牆、趕最後期限的壓力，也有些人是因為害怕失敗，所以才東摸西摸到最後一刻。不論理由為何，所有拖延者都會因為拖延而付出慘痛的代價。

心理學家泰斯（Dianne Tice）和鮑邁斯特（Roy Baumeister）在《美國心理學會》期刊上發表過一篇頻繁受到引用的研究報告，裡面提到了拖延的代價：

- 沮喪
- 非理性信念
- 自卑
- 焦慮
- 壓力

拖延並不是什麼無害的行為，而是自律能力低落的警訊。研究人員甚至會把拖延症跟酗酒、吸毒進行比較，這下大家知道問題有多嚴重了吧。老實說，我本身就曾深陷其中，苦苦掙扎。

剛成為社會新鮮人的那幾年，我總是沒辦法盡快開始執行手上的任務，也難以早日完成。拖延是一種會深入你工作模式的不良習慣，而且還無法輕易擺脫。每當我想到不錯的生意點子或想要開始做某個專案時，事情的發展都是像這樣：

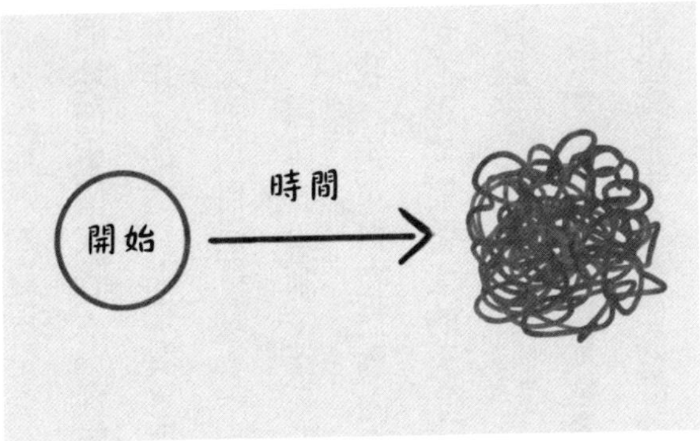

雖然我終究會開始著手進行，但是路都會越走越偏……結果便是一團混亂。注意力分散、東一個新點子、西一個新機會、失敗、唱衰自己的內心批判等都會成為障礙，結果總是一樣的：我永遠沒辦法完成任何一件事。

戰勝拖延症

對我來說，泰斯和鮑邁斯特的研究中最讓

人當頭棒喝的發現是：「根據目前的研究證據顯示，拖延者一開始會好整以暇地把事情放著，一直要到最後期限迫在眉稍的壓力激升才會迫使他們開始工作。從這一點來看，拖延可能源於缺乏自律，從而依賴外部強制加諸的力量來強迫自己行動。」

自律、自制、意志力，這些都是我們太過高估的東西。我們會想：「我一定可以在三周內寫完一本小說。」畢竟從自己的角度來看，我們都是心理素質強大的天才，然而只要一面對工作，我們就會找藉口推託，臨陣脫逃了。

如果你是慣性拖延者，就會無法自拔地拖延大大小小的工作。當然，人都會害怕走出自己的舒適圈，做出大膽的舉動需要勇氣，不過完成諸如付帳單、幫老闆列印資料、報稅等小任務實際上不需要任何勇氣。

面對事實吧，拖延與你手上的代辦事項性質無關——因為無論大小，對慣性拖延者來說永遠可以等到以後再做。對以前的我來說，完成任務是這樣的：

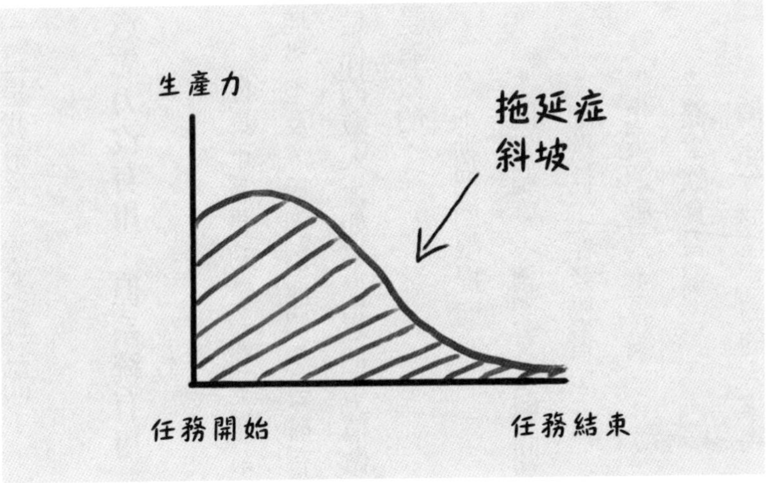

任務的開始和結束之間會有一個時刻（我稱之為拖延症斜坡），那就是你的注意力開始分散的時候，而這正是你放棄生產力的關鍵一刻。剛開始執行一項任務時你感到很興奮，所以會很專注，但過沒多久你開始會想：「來看一下新聞好了。」

沒錯，拖延總是先從這樣的小事開始。看完新聞後你覺得不如來看一集《權力遊戲》，然後又再看一下YouTube影片，接著又點開另一支影片，接下來又滑一下Instagram……等回過神來，時間就這樣不知不覺流逝了，於是你在心中對自己鄭重發誓：

「這是我最後一次浪費時間了。」哈哈，最好是。

意志力沒有用，但系統有用

你真正需要的是一套工作系統，很多人對例行公事、系統和框架避之唯恐不及，只因為他們想要擁有「自由」。我很抱歉要讓你失望了，自由是你的敵人。如果你想把事情做好，就需要制定規則，研究證明以下項目是有效的：

- 主動把期限提前
- 問責制度（讓朋友或顧問教練督促你）
- 間歇性工作／學習法
- 每天運動三十分鐘
- 健康飲食習慣
- 消除分散注意力的人事物

● 最重要的：內在動機

只要結合正確的生產力策略，就能獲得一套生產力系統。把期限提前會帶來緊急感，問責會帶來責任感，間歇性工作會提高你的注意力，運動會給你更多活力，健康飲食也會為你帶來更多能量，消除分散注意力的東西則能減少誘惑。

但是如果你沒有內在驅動力，就沒有任何系統可以幫助你。很多人把這個概念過於複雜化了，其實它的意思很簡單：為什麼你要做你現在做的事情？

如果你不知道，那就編一個理由出來吧。如果你已經知道自己為什麼要做某件事，那麼即使是再煩人的任務也會變得可以忍受，因為它終會成為你心中更大願景的一部分。

因此，不要一頭栽進工作中，而是退後一步思考看看，為什麼要做你所做的事情，然後打造一個可靠的系統來支持自己走下去。這並非難事，你做得到。

如何停止浪費時間並提高個人效率

我投入心力研究生產力的理由很簡單，我認為「具有生產力的生活」等同於「過幸福的生活」。此外，如果你比其他人更有效率，職涯就會晉升得更快，也會學到更多東西；做得更多，會得到更多的回報。說到生產力，我注重的是成效，因為光是生產力高並不代表你就能完成正確的事，這只代表你完成了很多事項，但這並不重要。

然而，有成效是指完成正確的事，如果你想做好工作、賺錢、過有意義的生活或學習技能，這才是最重要的，否則你只是在原地打轉。你可能看起來很忙，但其實無法達成任何有意義的事。

換句話說：我們很容易花費時間心力在做一些無用的工作，這並不會讓你更接近心中想要獲得的結果。

獲得成果是最重要的一點。試想你每周工作五十個小時，但是在個人、人際關係、財務上沒有任何成長，那麼你就是沒有成效。很多人會問我：「我想改變，第一步該怎麼做？」對此我想分享我在生產力課程中教授的一項練習，這是我從《杜拉克談高效能的五個習慣》一書中學到的智慧。在提升知識工作者的成效方面，我認為彼得・杜拉克是第一把交椅。市面上的許多書籍、文章、生產力工具和生產力應用程式某種程度上都受到杜拉克的影響，他發明了重要的「個人效能」（personal effectiveness）一詞。

接下來是參考自《杜拉克談高效能的五個習慣》中的一個簡單練習（我有稍加修改好讓你更容易執行），你可以加以應用，以提高自己的效率。

第一步：了解你的時間

我常聽到大家說：「我不知道自己出了什麼問題，我就是一直在拖延。」我會反問對方：「你知道你的時間都用在哪裡嗎？」

如果你從不評估和記錄自己的時間，就很難停止拖延或提升工作效率。如果想要更有效率地管理時間，你必須先知道自己究竟把時間花到哪裡去了。然而人的記憶力有限，如果我問你一個星期前的這個時候你在做什麼，你回答得出來嗎？應該很難吧。那麼，要怎麼知道自己是如何運用時間的，答案是寫「活動日誌」。

在正式幫客戶諮詢之前，我常會要求他們先寫兩個星期的活動日誌——以小時為單位，詳實記錄自己每天做了哪些事情。用什麼工具或媒材來記錄並不重要，唯一重要的是至少連續記錄兩個星期，最理想的情況是記錄一整個月。我自己的記錄方法很簡單，就是在桌上放一支筆和一本筆記本，每小時都會記下時段以及我所做的事情，筆記本一定要放在可以很快看到的地方，這樣才不會忘記。

第二步：找出沒有生產力的事項

這個步驟很簡單，我只問一個問題：「請逐一檢視日誌中所有重複出現的活動，如果你停止做這些事情會發生什麼事？」

如果答案是「會天崩地裂」，那麼就不要做任何改變，但如果你的答案是「不做也不會怎麼樣」，就表示這些項目是沒有必要的。我們每一天多少都會做一些沒有好處或回報的活動，我稱這類活動為「時間小偷」。

第三步：消除浪費時間的事項

現在你知道自己把時間花到哪裡去了，接著從生活中種種瑣碎的任務中找出重要的，並減少其他不必要、浪費時間的雜事。

沒錯，就這麼簡單。如果你想成為超級有效率的人，就需要定期寫活動日誌，不需要一年三百六十五天都寫，我建議每年做個兩次，每次維持兩到三個星期。這就像定期追蹤，可以檢視自己的生活中是否出現新的時間小偷。

除此之外，這項簡單練習也能讓你好好思考自己的生活。通常，我們是不知不覺開始做一些浪費時間的活動，然後逐漸養成習慣。如果你沒有意識到這些無意義的行為，就很難改掉這些壞習慣。我發現想要提高生產力，這是最強大的練習。

現在就開始記錄吧，以下是簡易的活動日誌範例：

- （時間）—閱讀《今天就去做》關於活動日誌的章節，並開始記錄自己的活動日誌。
- （時間）—關掉手機並繼續做手上的任務。
- （時間）—瀏覽新聞、臉書、ＩＧ，也看了幾部YouTube影片。（請務必對自己誠實，人生總會有失足、手滑的時候）。

● （時間）—回覆電子郵件。

很高興看到你開始行動，請再繼續記錄兩個星期。

該避開的生產力低落壞習慣

我認真研究生產力的原因是我自己的生產力低落。我太貪睡，愛瞎聊，閱讀太多東西，整天聽音樂、看電影，也買了很多酷炫的3C產品，沉溺其中、無法自拔。要不是有這套生產力系統，我一定是一事無成，甚至不會寫出這篇文章了。然而，每次瀏覽社群媒體時，我們看到的都是生產力超標、健康又富有的人，但事實上真是這樣嗎？

我不確定，我只知道人不可能每一分每一秒都能維持極高的工作效率，想要提高工作效率，關鍵在於擺脫目前養成的低效率壞習慣。後面列出十種大家應該減少或戒除的低效率壞習慣，如果你中了一、兩個還不用擔心，只要是人都會有效率偏低的時候，但如果你有五個以上的壞習慣，可能該做出更多改變了。有一點是肯定的，沒有人想要變成缺乏生產力的人。

工作做太多

我有時候會連續工作十二或十三小時，中間只休息一下（去運動和吃飯）。我可以保持這種狀態兩三天，但超過這個上限我就會覺得很崩潰，難以完成手上的工作，甚至興起根本不想把事情做完的心情。這不是好事，因此我學會更加仔細地評估自己的工作量。美國文豪海明威曾試著在職涯巔峰停下腳步，這也是我新的目標，但是很難做到，因為我們總是希望事情現在快點做完。

請好好了解你自己、你的工作和你的任務期限，假設你沒有期限要趕，不妨放鬆一點，把精力保留給真正需要的時刻。最重要的是：要有耐心。

擔憂太多

如果我破產了怎麼辦？如果我失業了怎麼辦？如果她不愛我怎麼辦？如果我得了癌症怎麼辦？如果這架飛機墜毀怎麼辦？如果我失明該怎麼辦？如果我……

你像鴕鳥一樣把頭埋在沙子裡，看不清這種思考方式其實非常自以為是，所有的問題永遠圍繞著自己打轉。對於這種心態我可是再清楚不過了，前面那一串例子都是我的經驗談，但現實是這樣的：**你當下這一秒不會死啦！**

所以省省力氣，別擔心東擔心西了，趕快去做一些有用的事情吧。（我也知道這習慣不是說改就改，但你還是可以努力練習停止擔憂。）

固執己見

我們時時刻刻都在跟人打交道，心裡可能都曾浮現過一些質疑：「我為什麼要聽這個傢伙的話？」「她又知道什麼？」除非我們先聽完別人的意見，否則永遠不會知道這些問題的答案。但如果你老是認為自己是世界上最棒的人，就永遠聽不進去別人說的話。

每個人多少都有固執的一面，有些人很明顯、甚至到了偏執的地步，也有些人只是有一點點固執。不得不說，固執也是一種好的特質，例如對他人的批評充耳不聞，不會一直被其他人的想法牽著鼻子走。然而在人際關係中，固執己見容易引來問題，我們的生活和職涯都建立在人際關係這項基礎上，因此拒絕與他人合作（或接納他們的意見），你對其他人而言就是來搞破壞的害群之馬，請記得這件事。

我常常提醒自己「固執可能是件壞事」，但有時情況真的太糟糕，我甚至連自己的心聲都聽不見……這一點我只能繼續努力。

瀏覽資訊

你在做什麼？「我只是在看臉書。」又或者你在看的是其他東西，例如八卦網站、CNN、NBA、IG、推特，或者是常用的通訊軟體？

「瀏覽」雖然是個動詞，但並不是真正的執行動作。我每次準備寫部落格文章的時候，總是會無緣無故地先跑去檢視後台數據，接著我回過神來：「瀏覽這些有獲得什麼成果嗎？」

答案是什麼都沒有，就只是接收了許多不相關的資訊而已。我盡量將「瀏覽」的次數保持在最低限度，並為此刪除了手機上所有新聞和社群媒體app——我甚至不用手機收電子郵件，以避免自己有亂滑手機的機會。我只想在有時間回覆電子郵件時，才查看信箱。

「瀏覽」是我們無法完全消除的習慣，像我自己依然非常關注NBA的最新消息，請試著只選擇一、兩個你真正喜歡的主題瀏覽就好，其他的就全部刪除吧。說實話，不瀏覽也並不會真的錯過什麼重要的東西。

逃避生活

我一直到兩年前都還會在感受到壓力時，說出「我需要喝一杯」或「我要去度假」這樣的話，在工作方面或人際關係中遭遇挫折，我也經常寧願假裝這些問題不存在。雖然有時候我願意跟別人討論，但其實真正原因在於自己內心有著更深層的課題。那時候我不喜歡我的工作、不喜歡我的感情關係，也不喜歡我居住的地方……簡言之，我就是不喜歡我的生活。

但我有努力做出改變嗎？沒有，我一直逃避問題。一時的逃避讓人得以保留些許精力繼續容忍糟糕的生活，但你我都知道，除非找出問題的根源並加以解決，否則問題不可能自動消失。我經歷了慘痛的教訓才明白這一點，如今也學會在問題惡化之前就趕快處理。

對所有事情都說「好」

大多數人都害怕拒絕別人，也許是因為不想讓人失望，又或者覺得說「不」會渾身不舒服。然而，如果你一直說「好」，那麼就等於在過別人的人生，請好好思考這一點。我們內心深處都知道這是事實，對別人的要求來者不拒，只會讓我們無法掌控自己的時間。假如你想要完全掌控自己的人生，那麼現在起就試著對很多事情說「不」，只需要對你認為重要的少數事情說「好」就行了。

企圖把所有事情都記在腦中

我知道，你覺得自己記憶力驚人、腦袋聰明，所以什麼都記得，對吧？大錯特錯！不把自己的思緒、點子和任務等事項記錄下來是很愚蠢的行為。過度依賴記憶就會浪費大量的腦力，如果你把事情都寫下來，就可以挪出腦力去做其他事情，比如說解決問題。這個小技巧真的很有用，能夠為你的職涯發展帶來大大的提升。

如果你有寫日誌的習慣那效果更好，但有鑑於不是每個人都喜歡寫日誌，所以只要練習「把事情寫下來」就可以了。你讀完這篇文章之後寫下了什麼？

對自己要求嚴苛

「我爛透了！」不，你不是。

「為什麼？」因為你今天早上起床了，不是嗎？

「對。」恭喜你面對「生活」這個大魔王，能順利存活至今，你該為自己感到驕傲。你起床後所做的一切都代表你是個英雄、勝利者。

忽視學習的重要性

「耶，我畢業了！我再也不要念書或學習了！」如果你曾有過這樣的想法，最好自我檢討一下。有誰可以只學完一件事就永遠停止學習？我真不知道為什麼人類的大腦裡會有這樣的想法。常有人認為「離開學校之後就可以停止學習」，但實際上是：「一旦停止學習，你的生命便就此停滯。」請好好投資你自己，無論是學習新知、看書、上課、看影片，總之，永遠都要持續學習新事物。你會發現自己變得更有效率，對生活更加好奇、有幹勁。

討厭規則

我想大多數人都很討厭規則，這是從小養成的心理。「為什麼我必須這樣做？又為什麼必須那樣做？」因為規則會讓你變得更好，傻孩子。等我們長大成人，終於可以不必再遵守規則，很多人就開始放飛自我。

「規則沒有用啦。」我一度這麼認為，也自認是個特立獨行的人，不該受到規則的拘束。現在回想起來實在覺得自己很白痴，「規則」其實是人生中**最棒的**事物。如果這個世界上沒有規則，我們會變成整天癱在沙發上吃垃圾食物的大懶鬼。生產力的第一條規則就是：制定規則。當然，如果你不想要過有生產力的生活，那麼把規則拋到一邊也無妨。不過我還是要強調，規則可以幫助我們解決問題並且充分活出理想生活。

喬許．韋特曼（Josh Weltman）擔任廣告創意總監超過二十五年，也是知名影集《廣告狂人》的聯合製作人，他在著作《引誘陌生人》（*Seducing Strangers*）對於規則有著非常中肯的見解：「解決問題其實需要結合『自由』和『約束力』兩大元素。每次聽到『盡情發揮』或『跳出框架思考』，我就能根據長年的經驗預測事情發展——又有大把大把的時間會被浪費掉。」

好消息：規則是由你制定

舉例來說，我自己訂下的一個規則是永遠不要抱怨。另一個重要的規則是要求自己每天閱讀、運動，而且每天晚上都要安排好隔天的優先事項。一旦結合所有生產力規則，你就擁有一套特別的個人系統，足以改變一切。

我憑藉自己的系統變得更聰明、更好、更快樂、更有效率。我花了好幾年的時光才發現系統是個好東西，然後又花了幾年的時間才建立自己的系統，但是非常值得。因為現在的我變得很有生產力，這樣的變化對於一個沒有生產力的人來說還不錯吧？

幫助你成功的三十分鐘晚間儀式

在忙碌了一整天之後，放鬆並準備好好睡一覺也是一項挑戰。我常常發現自己工作到很晚，有時難得晚上有閒暇閱讀或看電視，但是等到我上床睡覺時卻翻來覆去睡不著，腦中浮現雜七雜八的想法。很多人都有睡眠障礙，這已不是什麼祕密，根據美國國家睡眠基金會的調查顯示，百分之四十五的美國人表示，過去七天內至少有一天睡眠品質不佳或睡眠不足，影響到他們的日常活動。為什麼晚上好好休息如此重要？這樣說吧，你或許有一套完美的早晨儀式、一份規劃周詳的行事曆，希望今天的自己可以效率高超，但如果因睡眠不足而缺乏精神和體力也是枉然。

我花了半年的時間嘗試形形色色的晨間或睡前儀式。我發現，晨間儀式很容易應用到生活中，但相對地也很容易被放棄。我們如果早上醒來還是覺得疲倦不已，就容易回到舊習慣的懷抱，最終變得注意力不集中、失控、焦躁，並且覺得不快樂。我選擇制定睡前儀式正是為了幫助自己可以準備好好休息。我們都知道每天至少要睡七到九小時，但往往會有各種生活瑣事從中作梗，而我們自己也不見得那麼守規矩。

接下來介紹的睡前儀式，讓我順利找到方法每晚都過得很有規律，這也表示我每天的生活也會是規律的。

前十分鐘：好好為今天做總結

每天晚上我都會花十分鐘記錄這一整天，簡單用幾句話寫下我所取得的成果、所學到的經驗和任何值得記住的事情。

這個簡單的練習可以幫助我：

1. 記住我做過的事情（聽起來很愚蠢，但我們會忘記自己做過的大多數事情）。
2. 檢討我的進度，看看我是否做了所有應該做的事情（例如閱讀、運動、與家人共度時光、寫作、與同事交流）。

這項練習是從吉姆．羅恩[1]那裡學來的，他說：「每天結束時，你應該好好回顧自己今天的表現，看看你會為自己鼓掌喝采或是更認真督促自己。」在開始新的一天之前，進行總結一日的儀式，此外，在邁入新的一周之前，進行總結一周的儀式，每個月和每一年也可以執行類似的儀式。雖然聽起來好像簡單到沒什麼大不了的，但這正是會對你的生活帶來巨大影響的「簡單概念」之一。

---

1 Jim Rohn，被譽為美國最傑出的商業哲學家，成功學之父、成功學創始人，代表作品：《快樂致富》。

從第十分鐘到第二十分鐘：檢視明天的行事曆

你第二天醒來時開始想今天到底要做什麼，有任何重要的會議或電話嗎？或者是專案的期限要到了？你打算什麼時候運動？待辦事項上有任何緊急項目嗎？你打算什麼時候要開始處理它們？「檢視明天的行事曆」這個簡單的練習幾乎消除了我所有的壓力和焦慮。大多數的焦慮來自於尚未解決的問題，我們常擔心那些想像中的情況，但是只要對自己說「我明天上午十點到十一點要來解決某某問題」，你就會放鬆許多。

再說，通常大半夜你也無法做什麼，所以不如趕快去睡覺吧。把要解決的問題留到明天，等明天大腦很清醒的時候再來設法解決。

第二十分鐘到二十五分鐘：準備好你的衣服

你可能想吐槽我：「哇，沒想到你這麼重視表面功夫。」誤會大了，我只是不想給大腦帶來不必要的壓力。大腦是一塊肌肉，在我們做出好幾個決定之後，大腦就會耗盡能量、開始疲勞，決策品質跟著下降，這就是所謂的「決策疲勞」。

晚上我並不擔心這一點，因為我接下來就會上床睡覺，讓大腦好好充電，所以這時候多做一些額外的決定不會有什麼壞處。然而，如果早上剛起床沒多久就得先思考自己今天要穿什麼，這個小小額外的決定可能會影響你一整天的工作效率。既然如此，那麼為何不在晚上就先準備好衣服，這樣就不必在早上消耗寶貴的腦力呢？

從第二十五分鐘到第三十分鐘：觀想

由於第十分鐘到第十五分鐘已經看過行事曆，所以我知道明天的行程大概會是什麼樣子，下一步就是仔細觀想（visualize）第二天的情況。暢銷作家查爾斯．杜希格在《為什麼這樣工作會快、準、好》一書中談到了這項練習，他提到最有生產力的人通常比其他人更能具體地將想像顯化於他們的生活裡。我喜歡在晚上做這個練習，如此一來早上起床的時候，我仍然記得自己所觀想的事情，於是變得不再貪睡。我以前是個超級貪睡鬼，每天都可以不停按下手機鬧鐘上的「貪睡功能」，按到最後連鬧鐘都不再響了……以前會覺得能多睡幾分鐘是賺到，但這只是表面勝利，其實輸得很澈底。

我不再是個貪睡的輸家都要歸功於這三十分鐘的睡前儀式。我放鬆心情，沒有壓力地入睡，醒來時則注意力集中，因為很清楚自己今天必須做哪些事情才能邁向理想的成功，而這也正是我想透過這個儀式實現的目標。如果你想改善自己的生活，每天晚上只要執行三十分鐘的睡前儀式，這個投資報酬率聽起來不錯吧？今晚請務必嘗試一下，親自體驗個中奧妙。如果你明天早上醒來，發現自己的身心都準備大顯身手，可不要太驚訝了。

為什麼中斷網路連線可以提升你的注意力

現代人的生活還是很美好的，幾乎隨時隨地都能連結到網路世界，更別說自從有了智慧型手機以來，大千世界近在眼前，唾手可及。雖然聽起來很美好但其實不然，大多數人都不是在「運用」科技，反而是受到科技的擺布。應用程式、遊戲、影片、網路貼文、廣告、電視節目都是為了吸引閱聽者的注意力而設計的，因此在你不知情的情況下，每周都會浪費掉無數的時間。你的注意力無所不在，卻沒有集中在正確的地方。

斯多葛學派哲學家塞內卡曾說：「到處都有就是代表沒有價值。」你認為Netflix為什麼在倒數三秒之後自動開始播放下一集？就是要你這麼想：「管他的，再看一集吧。」YouTube也是如此，為什麼你認為他們推薦的影片能夠這麼對你的胃口？就是為了把你綁住，這一點適用於所有的網路內容，總是有「下一個」影片、劇集、貼文、遊戲、回合、電影會跳出來。有趣的是，大多數閱覽相關議題文章的人都知道缺乏注意力是不好的，近年來也出現大量關於注意力分散的有害影響的研究論文和書籍。

具體來說，研究顯示注意力分散與更大的壓力、更高的挫折感、時間壓力和成果有關。專注於工作是很難辦到的，我們總是會被分散注意力，這不是你的錯，大多數科技都會利用你的爬蟲腦[2]讓你跑不掉，進而把你變成死忠的消費者。因此，你不要考慮抵制網路或科技這種傻事了，我敢打賭你以前可能嘗試過——「我再也不會無意識地瀏覽幾個小時。」然而，事實上人就是會這樣做。

那麼該如何解決呢？我認為最關鍵的部分之一是：**中斷你的網路連線**。這樣做的原因只有一個：凡事過猶不及，適可而止最好，即使都是好事也一樣。舉例來說：

- 運動過度？你的身體會受傷。
- 太多的愛？你會讓人感到窒息。
- 工作過度？你會過勞。
- 吃太多？你會過重。
- 喝太多水？你會死掉。

為什麼我們要一直掛在網路上呢？兩年前我問過自己這個問題，可惜找不到答案，於是我換個角度，既然我做其他事情都是有所節制的，為何遇到網路就變了調？這次我很快發現自己使用網路時根本不會有節制，就像吃高級自助餐一樣，明明已經吃飽了，還是會忍不住繼續拿菜，最後停下來的時候，肚子脹到讓人悔不當初。

2 Reptilian Brain，指大腦中掌管人類基本生存機制的部位，也與好逸惡勞、喜愛娛樂刺激等行為有關。

網路也是如此，它是如此引人入勝、資訊多元，而且走到哪裡都可以用，所以人當然會難以自拔，沉浸在臉書、YouTube、WhatsApp、Snapchat等等虛擬世界。我一直在努力消除分散注意力的事物，然而也不想過著與世隔絕的生活，我必須找到能為自己帶來益處的平衡狀態，我發現只需要調整我對網路的態度就可以達成目的。

從「永遠保持連線」變為「經常保持斷線」

我的執行方法如下：

- 在我的手機上，WiFi和行動數據都處於關閉狀態，只在需要時才開啟。
- 在我的筆記型電腦上，我在工作時使用名為SelfControl的應用程式（如果你是用Windows系統，請用FocusMe應用程式）。這款應用程式會擋住任何會分散注意力的網站。這麼做的優點是我其他常用的工作程式（如Evernote、DayOne、Office 365）可以保持連線，這樣就可以把工作進度儲存在雲端。

「永遠保持連線」對於你的注意力和生產力來說並不是一件好事，這和去健身房是一樣的——或者吃大餐、跟伴侶共度浪漫的夜晚等，你不會一天二十四小時都在做這些事，了不起花個三十分鐘、一個小時或幾個小時，但任何事情做太多都是弊大於利。

中斷網路連線對我來說產生了奇蹟，我不再出現一天查看五百次手機、電子郵件或最新動態的衝動，過了一段時間，我發現自己並沒有錯過任何東西，這能為生活帶來平靜。

我每天也都過得更充實，比以前達成更多的目標，整個人更加專注，而且我有更多時間能花在讓自己真心感到快樂的事物上。不管怎麼說，網路終究不過是一個工具而已。然而，有些人把網路世界視為人生的一切，所以將隨時保持連線當成第一優先，但我非常有信心，自己從今以後不會後悔當年沒有多花時間掛在網路上。試想，你會在臨終前對家人說：「我很高興自己在YouTube上看了那麼多廢片。」應該不會吧。你比較可能回顧那些與家人朋友一起度過的時光、在旅行時留下的回憶，或者是你有多喜歡自己的工作。

所以，斷開網路吧。網路除了帶給你沮喪感以外，不會給你任何東西，讀完這篇文章後就鼓起勇氣關掉網路連線。不過，你會出現一些戒斷症狀，例如時不時就會忍不住拿起手機，或一直按鍵盤上的F鍵（想打開臉書），但我向你保證：關掉網路將幫助你去做更多的事情，這才是活著的意義。

大多數人拖延症上身的最大原因

我在絕大部分的人生中都是慣性拖延症患者。從十六歲開始做第一份暑期打工，我就想方設法逃避該做的工作。那時我在一家電信公司當電話行銷，負責向客戶推銷手機合約。那間公司的軟體在我結束一段通話之後會自動撥打給下一位客戶，所以理論上我可以一直待在電話線上——但我找到了逃避的方法。公司要求我們每講完一通行銷電話，就必須在內部系統中記錄電話內容，諸如「客戶有興趣，但必須跟她的孫子討論再說」之類的內容。

做為一名職業級的拖延大王，我花了很多時間撰寫又臭又長的摘要紀錄，主管問起為什麼我每天聯絡的客戶很少，我是這樣告訴他的：「如果有其他同事後續打給這位客戶的話，他們就知道必須直接和她的孫子討論，這是很有價值的資訊，對吧？」總而言之，我盡可能拖延撥打下一通電話的時間。我攻讀行銷碩士學位時也不改這個老毛病，總是等到最後一刻才趕著完成作業或準備考試。

畢業後我成為自由接案的行銷顧問，時不時拖拖拉拉、擔誤時間，而這一次我找的藉口是「我需要多做一些研究」。我其實搞不清楚自己為什麼總是要把事情拖到最後一刻，只認為這是天生個性的一部分。

身邊很多朋友也有類似的情況，他們會說：「誰想工作？我們去喝一杯吧。」當時我抱持的信念是：「工作是你不喜歡做的事情，你只是因為需要金錢和社會地位才去做。」可悲的是，我們大多數人都相信這是事實。幸運的是，如今我成功改善了拖延症，並不是哪個神奇的生產力祕訣或軟體工作把我變成了生產力機器，我比以往任何時候都更有效率和有專注力，而且也更加滿意自己的工作效率。

你想知道其中的祕密嗎？因為我終於在做一些我喜歡的事情了。就是這麼簡單，我樂在工作——我喜歡寫作，這就是我一周七天都做得下去的原因。我不喜歡以前的工作和創立的公司，也很不喜歡念那些壓根沒興趣的課程。以前，我認為拖延的主因在於自己的時間管理能力很差，但試遍了所有提高生產力的技巧、系統或軟體，仍然沒有獲得應有的改善，直到我開始做對自己有意義的工作為止。你想把事情做好？請去做對你而言重要的事情吧。

所謂的「生產力祕訣」蔚為風潮，其中最常見的解方往往是某種時間管理技巧。這類時間管理技巧讓我聯想到「速閱」，很多人都希望能夠練就快速閱讀的技能，以便在更短的時間內讀完更多的書，但是為什麼要這樣？

我本身很享受閱讀這件事——我才不想花更少的時間，反而巴不得花更多的時間在閱讀上。這種風潮似乎反映出一種傾向，大家想跳過實際的工作，只專注於結果。就像《挫折逆轉勝》一書的作者萊恩·霍利得在一篇討論速閱的文章中所說的：「如果你想要加快閱讀某本書的速度，你可能要先問問自己：『這本書有任何可看性嗎？』人生苦短，別浪費時間閱讀你不喜歡的書。」

我認為霍利得的名言也可以應用在我們的生活和事業上：「人生苦短，別浪費在不喜歡的事情上。」無論你嘗試多少提高效率的技巧，如果對自己所做的事情沒有熱情，你就無法產出更多成果。如果你發現自己經常拖延，不妨問問自己：我對自己的工作有熱情嗎？

如果答案是否定的，那麼就必須去找到一些讓你充滿熱情、一秒鐘都不想拖延的事情。我們都知道時間是有限的，為什麼不立刻採取行動做出改變呢？如果你知道自己的壽命有限，為何要浪費時間？

塞內卡也說過：「面對時光匆匆地流逝，我們抱怨連連，但怨聲載道的程度卻遠遠多過於我們知道應該做什麼才對。我們這一生不是一事無成，就是將目標與夢想束之高閣，不然就是對於該去做的事毫無作為，我們總是嘴上抱怨自己的人生有限，但在行動上卻似乎以為自己可以長長久久地活下去一樣。」

我相信「做你熱愛的事」，但我也相信「做你擅長的事」。最佳戰略位置就是兩者之間的折衷點——找一份你熱愛並且擅長的工作。《我教你變成有錢人》一書的作者拉米特·塞提表示，工作和熱情是雙向的，當一個人真的很擅長做自己的工作時，往往會變得充滿熱情。

請別誤會，我並不是說生產力祕訣就毫無用處，我真正想表達的是，解決拖延症的最好方法就是做有意義的工作。

拖延可能表示你正在做一些沒有意義的事情，不要讓拖延成為一種習慣。畢竟，最糟糕的拖延就是持續拖延你的夢想和目標，如果你還在等待適當的時機，班傑明·富蘭克林說過：「你可以拖延，但時間不會停止。」如果各位聽不進我的話，請好好聽從他的真知灼見吧。

大幅提高注意力的古老習慣

從小我就是個很容易擔心的人，最常討論的話題是金錢、健康和我的未來。你最常感到擔憂的主題是什麼？千萬別說你從沒有感到擔心或害怕，能夠做到毫無恐懼的大概只有機器人了。每個人都會花時間思考那些永遠不會發生的事，這就是恐懼。十六世紀哲學家蒙田說得很好：「我的生活充滿了可怕的不幸，但其中大部分從未發生過，只是出於我的想像。」

恐懼其實是為了讓我們擺脫困境，但在現代社會中已經不再是如此了。如今，恐懼只是佔據你頭腦的感受，我們的思想充滿了恐懼、擔憂和壓力，導致我們無法專注於自己的目標。根據我個人的經驗，是否過著充實的生活與你所擁有的資源或機會無關，而是與清楚你自己想要什麼、知道如何獲得有關。正是因為如此，你每天都需要集中注意力，如果沒有投注心力，任何目標都不會實現，所以我想分享一個禁得起時間考驗的古老習慣。

擁有「真言」的力量

我並不是很有靈性的人，我相信巧合和運氣，但並不相信那些人類看不到的靈性能量。我雖然多疑但也是個實用主義者，世界上任何運作有效的方法我都相信，所以我從不質疑宗教或靈性儀式，因為它們對數百萬人來說是很有用的。事實上，我很樂於研究各式各樣的宗教、文化和信念。

我從宗教中學到的一件事是真言（Mantra）非常有用。很多人都聽說過這個詞彙，但很少人真的擁有一個，更別說積極運用了，到底什麼是真言？我在網路上找到的一個定義是這樣寫的：「『真言』是一種神聖的話語、一種神祕的聲音、一個音節、單詞或音素，或者梵文中的一組單詞，修行者相信它具有影響心理和精神的力量。」

真言存在了很多個世紀，在印度教、佛教、道教和基督教中都可以找到真言，我了解到世界各地的人們都使用真言來克服恐懼並提升注意力。

我最喜歡的應用案例：佛洛伊德．梅威瑟

拳擊好手梅威瑟（Floyd Mayweather）自出道以來爭議不斷，大家對他又愛又恨，但也承認他是有史以來最好的拳擊手——而且是頂尖中的頂尖，他的戰績為五十勝零敗，而且都是壓倒性的勝利，從未遇到驚險勝出的情況。他的成功祕訣是什麼？天賦異稟？這是肯定的，但梅威瑟在訓練方面可說是自律得嚇人，更別說他從非常年幼就開始接受訓練。

我成為他的粉絲很多年了，我並不在乎他開多好的車或多有錢，而是一直在看他的訓練影片，看看是否能從中學到一些可以應用到自己生活中的東西。一個人之所以能獲得如此亮眼的成績，一定是做對了很多事情，

即使他的其他言行多有爭議，我們也不能否認這一點。

幾年前，我注意到梅威瑟常重複同樣的一句話：「奮力戰鬥，全心投入。」這乍聽之下很像是超級蹩腳的團隊口號，然而他在各種器材上進行訓練，甚至在跑步時都會不斷重複這句話。發現梅威瑟的口頭禪[3]，我才開始使用自己的口頭禪。

「走吧！」

這就是我的真言（或說口頭禪），我訓練自己每天早上醒來時都會說這句話，它確實讓我充滿活力。我試過不同的句子，特別是那些大家經常重複提起的話，但我發現它們都不適合我。我是一個很直接的人，也不愛廢話連篇，所以簡短有力的句子最適合我。

---

3 原文也是Mantra，這裡作者把宗教性的「真言」意象延伸到日常使用的「口頭禪」。

這句話我不僅在起床時說，在開始工作前也會說，連準備開始運動時也不例外。它能轉換我的狀態，從靜止變為積極採取行動，尤其每次感到害怕或無能為力時，我都會試著迫使自己改變當下的狀態。有句老生常談是這麼說的：「唯一的出路就是走下去。」我對此深信不疑，如果你想解決問題，就需要採取行動。

開始說真言後，你就能放下煩憂

這是我在個人成長中發現最有效的方法之一。你需要做的就是選一個口頭禪來幫助你集中注意力，從而改變身心狀態，這裡強烈推薦大家一句真言：「我才不信咧。」

有些悲觀主義者會說：「光說這五個字並不能幫助你解決真正的問題。」我則想反問對方：「那做什麼才會有幫助？沉浸在自己的痛苦中嗎？嚇得動彈不得？從來不採取行動？一直抱怨生活不如意？」我們都知道生命太短暫，沒有必要擔心永遠不會發生的事，如果你身上的確發生了一些不好的事情，那就做點什麼來改變它吧。

如何更能集中注意力：管理你的注意力

你每天平均能不受干擾地連續工作多久？十分鐘、二十分鐘，還是五十分鐘？如果你覺得看起來太少，請先好好檢視一下你的生活。大多數人不受干擾的時間都不會超過十分鐘，因為我們與網路社群有著非常緊密的連結，所以不可能找到太長的時間專注在工作和自己身上。

我們每天會收到數百則通知和訊息，經常這邊回覆一則WhatsApp訊息、那邊回覆一封電子郵件，同時在不同的通訊軟體上跟朋友和同事交流。大多數人的一天就是在回覆形形色色的訊息，某種程度上就像是被科技囚禁住一樣。

也難怪很多人會問：「我怎樣才能更能集中注意力？」每次電子報有新的訂閱者時，我都會詢問他們目前面臨的挑戰，大多數人的回答都跟專注力有關。我之前曾在電子報中進行一項調查，發現百分之二十八的訂閱者表示他們面臨的最大挑戰不外乎專注力和時間管理，以下是我收到的兩則回覆：

- 「我生活和職涯中的最大挑戰是努力專注於我的工作。我工作的時候，思緒總是會忍不住飄向其他不相關的瑣事。」
- 「我最大的挑戰是，要怎麼找出自己真正該專注的事情？」

這些問題過去也一直在我的腦海中徘徊，後來我發現注意力分散並不是二十一世紀才有的文明病——注意力分散一直是人類生活中的一部分。與你的智慧型手機、YouTube、IG或任何其他你想怪罪的東西無關，這就是人性，我們喜歡忙碌的感覺。古希臘哲學家蘇格拉底早在兩千四百年前就警告過我們：「小心忙碌的生活所帶來的空虛感。」

忙碌並不是一件好事，因為忙碌和注意力分散是相輔相成的。你想要過沒有干擾的生活嗎？那恐怕只能搬到深山野林去住了。但這並不是太實際的應對方法，更別說現代生活太美好了，一般人很難習慣比較原始的生活方式。

斯多葛派哲學家塞內卡在《道德書簡集》中這樣說：「任何時候都會出現新的干擾。」總是會有分散注意力的事情發生，所以最好訓練怎麼管理好自己的注意力，而非試圖控制你的時間。這是人們最大的誤解，我們都誤認自己可以掌控好時間，但時間是無法控管的，你唯一能控制的就是你的注意力。

請記住，專注力決定你的生活品質，沒有聚焦的事物代表你無法控制你的注意力，失去控制就代表感到沮喪，我們都知道沮喪會導致什麼。所以，請開始管理你的注意力，而非你的時間。

選定一個目標投入，並告知其他人

有時候你可能會害怕跟別人討論你的目標，因為感覺很彆扭。假設你告訴朋友「我想跑馬拉松」，幾周之後你的好朋友可能會問你：「你練習得怎麼樣了？」至於一些比較酸葡萄心理的人可能會說：「真假？你確定要跑馬拉松？」基於這些原因，很多人都不想跟別人透露自己的目標，我也並不是完全反對有些事情自己知道就好。有些時候在實現目標之前，不向別人透露自己的目標反而更有利，但這種策略並不適合所有人。

我剛剛想到一個新目標時，可能會先放在自己心裡，但一旦下定決心要實踐，我就會大方公開。舉例來說，我剛想到要在二〇二〇年寫一本新書時，沒有跟任何人說過這件事，但經過幾個月的深入思考之後，我發表了一篇部落格文章〈斯多葛財富之道〉，並且在文章的最後提到自己考慮要把這篇文章的概念發展一本書，想看看讀者會有什麼反應。

在收到許多正面回饋之後，我知道無論如何自己都會寫這本書，所以開始向我認識的每個人說一句話：「這次我的目標是透過傳統管道出版這本書，我想找到理想的出版社並簽下不錯的合約。」我花了一年的時間才實現這個目標，但我努力完成所有的任務，然後順利與一家很棒的出版社簽約。

你的目標是什麼？說出來吧！

說實話，我不是一直都是這樣的人，以前我甚至會猶豫是否要向「我自己」說出我的目標。我很害怕設定目標，腦中會浮現各種負面想法：

- 萬一事情進行得不順利怎麼辦？我不想在這件事上失敗。

- 什麼鬼目標，我才不在乎啦。
- 這個目標太不切實際了，我一定沒有辦法做到……

請停止這樣思考。我們來設定聽來雄心勃勃、但仍然可以實現的目標，讓我舉幾個例子。

- 如果你不是個跑者，請設定跑十公里的目標。
- 如果你剛開始當一位自由工作者，請設定找到五位客戶的目標。
- 如果你是位創作者，請設定完成一個大的計畫（書籍、專輯、短片等）。
- 如果你想為退休生活進行投資，請設定每月投資五百美元的目標。

一旦你實現了第一個重大目標，就可以考慮更大的目標了，你要超越平凡，眼光宏大。我花了好幾年時間才對自己說：「我想成為世界上最好的個人發展作家。」我必須告訴你，對自己說這句話感覺很好，接下來請開始對你的朋友和家人說，而且要自豪地說：「我想成為世界上最好的某某。」然後採納這樣的心態：如果我沒有成為最好的那一個人又怎麼樣？至少我嘗試過。

這才是人生中最重要的事，請記住這一點，你永遠不應該在乎你是否實現了目標，或者你是否總是完美、從不犯任何錯誤，那是不真實的，我們總在生活中體會失敗和搞砸的滋味。

重要的是我們永遠不停止嘗試做偉大的事情。我們做人要胸懷大志，這沒有什麼問題。問題在於如果以統計學角度來看，我們身邊通常不會有抱負遠大的人。雖然沒有確切的數據，但我估計每一百人中就有五個人擁有野心勃勃的性格特質，也許會有一、兩個人的目標是在某件事上做到最好。

當你在曼哈頓或矽谷這樣的地方時，數字可能會更高，但由於我們大多數人都生活在一個普通的地方，充滿了一般的人，所以我們看到的一切都是正常的。但如果你正在閱讀這本書，代表你並不想只成為一般人，而是想變得偉大——讓我們誠實面對自己吧。否則為何你要花時間閱讀一本關於提升自己的書？一個不求長進的人只會看電影、外出玩樂、瀏覽社群媒體、打電動等並且一無所獲，純粹在殺時間。

就是現在

不要等待完美的時機或目標才開始。現在就在這裡訂定一個目標，你最先想到的會是什麼？再來，不要試圖說服自己放棄。「呃，也許這個目標太勉強自己了……」真的太勉強嗎？還是你只是想偷懶而已？這一點就需要自知之明才能弄清楚，這也很重要，因為當我們設定的目標太遙不可及時，最終會感到灰心喪志，因為覺得沒有任何進展，我們需要誠實地看待自己的目標，並檢視它是否兼具務實和超越平凡。

現在，不要想太多，請選擇值得你做一生的事情。現在，讓我們開始與其他人談論自己的目標！現在距離達成我們的目標，只剩時間長短的問題。

PART 2

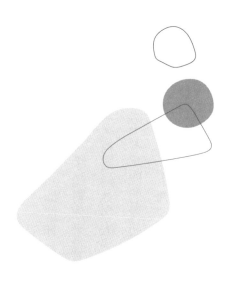

提高生產力

「這就像很多事情一樣，當你做錯了一小部分，就等同全部都做錯了。」

——美國小說家戈馬克・麥卡錫

智慧型手機對生產力的影響比你想像還來得大

相信我，你用來閱讀這篇文章的3C產品並不是你的益友，即使你是用筆記型電腦或桌上型電腦閱讀也一樣。我也想問你一件事，手機對你來說有多重要？我曾讀到一個奇怪的統計數據，讓我深感震驚。德國烏茲堡大學和英國諾丁漢特倫特大學進行的一項研究顯示，百分之三十七．四的受訪者認為手機與親密朋友比起來更重要或同樣重要。甚至有百分之二十九．四的人表示，智慧型手機對他們來說與父母同樣重要，甚至更重要。

前述的數據讓我懷疑起自己是不是有什麼問題。我該不會是個喜歡看書，身邊只有幾個真正重視的親密朋友和家人的老古板吧？而且這可不是在開玩笑，這是我的真實生活。

智慧型手機之所以很危險，不是因為可能會導致壓力、焦慮、沮喪，而是因為它們改變了我們的行為。我們似乎無法專注於一件事情超過五秒，我們做不到是因為手機一直發出通知聲——讓人不斷收到無關緊要事情的通知。

改變你的智慧型手機的使用行為

前面提到的同一項研究還有其他發現：「研究人員要求受試者在四種不同的情況下接受專注力測試：智慧型手機放在口袋裡、放在桌子上、鎖在抽屜裡或完全不在房間。」

結果很顯著——智慧型手機放在桌子上時，專注力測試的分數最低，但隨著受試者與智慧型手機之間的距離不斷增加，測試分數也會逐漸提高。當手機被拿出房間時，測試分數提高了百分之二十六。當然，這不過是一項研究而已，你也不必對讀到的資料照單全收，但我個人可以分享的是，我在過去的兩年裡對於使用智慧型手機的方式做了很大的改變：

- 我關閉除了簡訊和來電之外的所有通知。
- 除了最親密的朋友群組外，我退出所有WhatsApp群組。
- 我刪除所有的新聞應用程式（如果有重要的事情發生，你會從周遭的人那裡聽到消息）。
- 我只會用手機聽音樂、看訂閱的新聞、有追蹤的特定作者的貼文、聽Podcast、看YouTube影片（主要是為了學習新知，但有時也會看點娛樂的內容，因為我不是死板的機器人）、看電子書和聽有聲書。
- 其餘時間，我會用手機打電話、發簡訊、做筆記、拍照和拍影片。

另外，我也停止馬上回覆任何通知，這並不代表我不重視那些聯絡我的人，而是我拒絕成為手機的奴隸，該由我掌控我的手機，這一點對大多數人來說，情況恰好相反。過去，臉書、IG、Google等都控制了我的思想，他們現在仍然這樣做，因為想要逃離它們魔掌的唯一辦法就是與這些媒介斷絕往來，然後跑到森林裡去隱居，但那是不切實際的想法。

我喜歡我的手機，但我不依賴它

自從我開始透過前述的方式使用智慧型手機以來，獲得了非常好的結果。在過去的兩年裡，我完成的事情比以往任何時候都要來得多，而且我每天也有時間鍛鍊身體、與朋友見面、和家人一起吃飯、跟女朋友共度美好時光。你我都同樣有二十四小時的時間可以支配，關鍵在於你每日如何度過這一千四百四十分鐘。

說實話，我認為自己的效率還有很多需要改善的地方，目前尚未達到最高生產力。不過，這個世界上應該沒有人可以真正發揮登峰造極的生產力，而且能否成為全世界最有生產力的人也不重要，你想如何運用時間是一件非常個人的事。

請不要告訴我，你不想透過改變生活中一件不重要的事情——也就是使用智慧型手機的方式——來提高百分之二十六的工作效率。想知道為什麼沒有更多的人告訴你要放下那個東西，那是因為他們正試圖從你身上賺到錢。

此外，那些聲稱自己用智慧型手機經營事業的社群媒體人士也在做同樣的事情，他們需要你在手機上消費他們的內容。你也猜對了，蘋果永遠不會告訴我們：「買支新iPhone沒關係啦，因為它會破壞你的生產力。」他們反而試圖告訴你相反的資訊，這一點毫無疑問，智慧型手機確實也能提高生產力，端看你怎麼使用。你可能是透過手機搜尋到我的書跟文章，我自己也在手機上讀了很多文章和書籍，利用這個裝置來學習新事物無疑是件好事。

設計手機和應用程式的人頭腦比我們精明，他們唯一的目標就是讓你對那些東西上癮，我覺得能意識到這一點很好，我經常提醒自己不要過度依賴智慧型手機，因為我的專注力比生產力更重要。我想也是時候重新贏回你的專注力了，從而重新拿回你對生活的主導權，我想這是很值得的。

完美主義如何破壞你的生產力

你是否總是擔心自己沒有做好？是否總是質疑自己的工作和行為？你害怕承認自己的錯誤嗎？拒絕會讓你覺得很糟嗎？如果是這樣，你就處於極大的危險之中，我自己並不是一個完美主義者——至少，我是這麼告訴自己的。我敢打賭，你也試著這樣告訴自己。

事實上，不承認這一點的人是最糟糕的。如果你是個完美主義者，那麼你只是一個戴著面具的拖延者，這跟什麼都不做的懶惰鬼沒有太大的不同。不相信嗎？我們一起來看看，一個完美主義者會有這些行為：

- 總是等待適當的時機。

- 絕不犯錯。
- 總是需要更多時間。

不過到頭來，生活和工作都是由「成果」累積而成。成果很重要，如果你是個完美主義者，或許總有一天你會取得某些成果，但問題是要等到什麼時候？你又付出了哪些代價？有研究明確地指出，完美主義與憂鬱和自卑有著高度的相關性。

美國漫畫大師傑克・科比曾說：「完美主義者正是他們自身內心的魔鬼。」為了當個完美主義者所付出的代價真的值得嗎？我發現完美主義只是拖延的另一種形式，當你不斷擔心犯錯，諸多懷疑就會在你的腦海中蔓延開來，這會導致優柔寡斷、猶豫不決。完美主義者有兩種類型：

1. **永遠不會著手開始做**。你每次一想要達成某項目標，就會立刻自我懷疑：「我認為我辦不到。」所以你永遠不會開始去做。
2. **著手開始做但標準太高**。你設定了一個目標，也很努力地投入其中（甚至可能太過努力了），你把標準定得太高，所以老是對自己感到失望。

這兩種情況都會導致焦慮、擔憂、抑鬱和A型行為[4]，這些是我們寧可避免的事情。專門研究憂慮、拖延和完美主義的心理學者史杜柏（Joachim Stöber）和瓊曼（Jutta Joormann）曾在論文中寫道：「『擔心犯錯』和『拖延』兩者的結合可能是持續擔憂的關鍵因素。一方面，由於不採取任何應對行為，可能會延長既有的威脅，另一方面，也可能會增加既有的威脅，甚至產生額外的威脅，因為原本能夠解決的問題持續堆積，造成最終可能無法解決的問題過多。」

這種無助感就是我們面對的最大陷阱。人在感到無助很容易選擇放棄，這一點只要看看關於習得性無助的研究就知道了。然而，完美主義不一定是件不好的事，也有研究顯示完美主義與達成更大的成就有關，但這不是我在

4 Type A behavior，又稱A型人格，特徵是有著高度進取心和急迫感，性情急躁，凡事追求成功，有研究指出容易罹患心血管疾病。

這一章要探討的主題。

設定更高的目標、更高的標準，你有機會取得更多成就。我並不否認完美主義傾向有其益處，但眾所皆知的是，實現目標並不是生活中唯一的事，更重要的是我們如何實現我們的目標和抱負。

如何戰勝拖延症和完美主義帶來的缺陷？

我們已經討論了拖延症和完美主義之間的關係，以及為什麼拖延症會帶來不好的後果，但解決方法是什麼？我發現心理學家弗萊特（Gordon L. Flett）和同事進行了一項有趣的研究，他們想了解「習得性智謀」（learned resourcefulness）對於完美主義有何影響，他們認為後天學習而來的機敏可以發揮一定調整作用，習得性智謀是你停止自我破壞所需的技能，所以請尋找平衡點。

再來讓我們看看完美主義者的相反：懶惰鬼。如果你是個懶惰鬼就不會在乎太多，座右銘是「還可以就好」，而且你也沒有什麼野心，這樣的態度不會為你帶來任何好處，美國小說家戈馬克．麥卡錫說得最好：「這就像很多事情一樣，當你做錯了一小部分，就等同全部都做錯了。」偷懶是一種「我不在乎」的態度，但如果你想讓生活正常運作，你就必須在乎。你需要找到一個中庸的立場，讓完美主義傾向鞭策你的同時，也保有一個懶惰鬼平靜的性格特質，並且與習得性智謀結合起來。

這就是為什麼我在完美主義和偷懶之間找到了平衡：

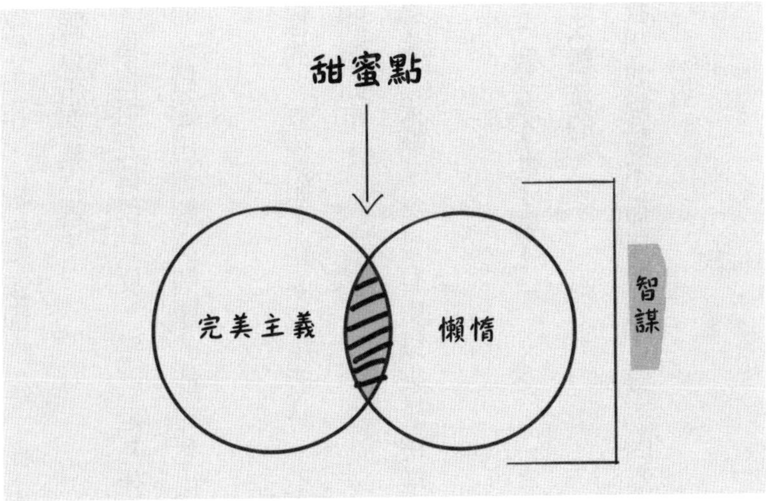

最理想的情況是像完美主義者一樣做好工作，但是要像懶惰鬼一樣不會過度在意自己的目標。最後，再將兩者跟以下要素結合：

- **智謀**——你有可能順利達成目標，但也可能適得其反，這就是為什麼需要系統的幫助。當災難來臨時，請運用你解決問題的能力想出解決之道。

對我來說，最能發揮效用的交集是這樣的：當你犯了錯誤或失敗時，不必把自己痛罵一頓，只需加以調整或解決問題即可。

- 請避免說完美主義者最愛的一句話：「天啊，這是有史以來最糟糕的事情！」
- 也要避免說懶惰鬼最愛的一句話：「我才不在乎啦！」
- 相反地，你要說：「**我可以找到解決辦法的。**」

那麼你當前面臨的挑戰是什麼呢？我想我應該不需要多問才對，因為你已經開始尋找解決之道了。

如何每年讀完破百本書

你的待閱讀書單是不是一直增加，同時書架上放著買來之後從沒讀過的書？今年說不定是清掉大量未讀書單的好時機。如果你的閱讀量比原本預計的要少，老實說你並不孤單，有一次我看一下了自己在書評網站Goodreads的個人頁面，發現那一年只讀了五本書，這項發現真是讓我大受打擊。

我很喜歡看書，但自從大學畢業後閱讀量便逐年下降，工作和生活成為我想盡情閱讀的一大阻礙。為什麼要推薦你一年讀一百本書？因為閱讀意味著你想從別人的經驗中學習，德國政治家「鐵血宰相」俾斯麥說得好：「傻瓜從經驗中學習，我更喜歡從別人的經驗中學習。」想在這個世上有點成就，你就需要持續自我學習，也就是需要大量的閱讀。
以下是每年閱讀超過一百本書的具體方法：

1. 大量購買

買書要花錢，讀書也要花時間——假設你正在讀這篇文章，代表你兩者都有。每個人都能抽出時間來閱讀，如果你沒有錢，那請想辦法開源或節流。正如文藝復興時期的思想家伊拉斯謨所說：「當我手邊有點錢，我會買書，如果還有剩餘的錢，我就買食物和衣服。」

請放心，你花費在書籍上的金錢和時間是值得的，我想不出更好的投資了——買書永遠不是浪費，除非你買了但不好好閱讀。如果想讀到更多的書，就必須買更多的書，但這個道理不是人人都懂，有些人願意砸兩百美元買一雙新鞋，卻覺得從亞馬遜購買二十本書是件超級荒謬的事。

家裡有更多的書籍就代表有更多的選擇，有助於我們多加閱讀。我們讀的書大多不是事先計畫好的，不是在今年一月就坐下來規劃好：「六月的第一周我要讀這本書。」通常都是讀完一本書之後，看看架上還有哪些書籍才決定接下來要讀什麼。你不必過度思考接著應該讀哪本書，這樣只會害你花好幾個小時去搜尋別人的心得文，完全是浪費時間。

舉例來說，想開始學習斯多葛哲學的人都會問我：「我應該先讀哪位的著作比較好？是塞內卡、馬可·奧理略還是愛比克泰德？」我建議你把這些書全部買下來，然後好好讀過每一本。書架上擁有充足的書籍可以保持你持續閱讀的動力，也讓你永遠沒有藉口不閱讀。

2. 始終在閱讀路上

你可能從《大亨遊戲》這部電影中看過「始終在成交路上」這句話，許多銷售人員和企業家都恪守這句座右銘。我的座右銘則是「始終在閱讀路上」，我平均每天至少閱讀一小時，周末和假期則會投入更多時間。不管你每天有多忙、生活有多艱難，請務必想方設法找時間閱讀，不要找藉口，因為「始終在閱讀路上」代表你會在：

- 在火車上閱讀。
- 在幫寶寶餵奶時閱讀。
- 吃飯時閱讀。
- 在候診室等待時閱讀。
- 在工作中閱讀。
- 最重要的是——當其他人浪費時間在第一百一十三次瀏覽新聞或臉書時，你是在閱讀。

如果按照這樣的方法進行，你一年內就能閱讀一百多本書。計算方式是這樣的，大多數人平均每小時可閱讀五十頁內容，如果你每周都閱讀十小時，那麼一年將累計閱讀兩萬六千頁。假設閱讀的書籍厚度平均為兩百五十頁，換算下來一年就等同於一百零四本書。

按照這個速度來算，就算你這一年休息兩周完全不碰書，也至少會讀完一百本書，以投入的時間來說這是非常好的報酬率。至於瀏覽新聞的投資報酬率是多少？我是不太清楚啦，但一定是負的。

3. 只閱讀有意義的書籍

你應該有過這樣的經驗，讀到一本廣受好評的書，卻無法理解它為什麼可以獲得如此高的評價。我當然不會批評這樣的書爛透了，畢竟它們也是很多人投入了很多心血、時間所編寫而成，只能說不是每本書都能對每個人的胃口。一本書再暢銷都不能保證它的文字風格符合你的喜好，又或者是時候未到，你現階段還無法領略這本書的美好。無論如何請謹記一個原則，如果手上的這本書讓你實在沒有翻頁的動力，請把它放回原位，然後改拿另一本會讓你非常興奮期待的書。

請閱讀與你生活中發生的事情密切相關的書籍。我們所能想到的主題絕對都找得到對應的書籍，人類這兩千年以來可是一直在寫書，而且有很多人都曾經歷過跟你同樣的遭遇，像是迷惘的青少年、有抱負的藝術家、破產的企業家、新手父母等等。總之，不要浪費時間閱讀你毫無興趣的書籍。請選擇與你的職業或嗜好有關的書籍，或者是閱讀崇敬對象所寫的書。如果一本書對你沒有意義，就不要只因為它是暢銷書或經典作品而勉強自己看下去。

4. 同時閱讀多本書

閱讀沒有任何規則，所以你想怎麼讀都可以。有時候我會同時讀五本書，早上先讀五十頁的〇〇書，然後下午讀十頁的★★書，也有人喜歡好好地讀完一本書之後，再去讀下一本新書。如果你目前主要在研讀內容比較複雜、困難的書，或許晚上會想讀比較輕鬆的書籍轉換一下心情，這樣也沒關係。

我自己喜歡在睡前讀傳記，因為讀起來跟小說很像，充滿有趣的故事，有時候也會直接看小說。我才不想窩在床上讀一本畫滿重點、寫滿筆記的書，這樣會害我睡不好，因為腦子裡塞滿了新學到的知識。

5. 保存知識

知識只有在用得到時才有用處，所以需要一套有用的系統來保留自己學到的知識，我的方法是這樣的：

- 閱讀時，用筆在頁邊空白處做筆記並將重要的文字特別標起來。
- 如果你是閱讀電子書，請小心不要過度畫重點。因為電子書的畫重點功能非常方便，所以不要一看到稍微覺得有趣的內容就標記起來，只需要把你覺得「突然有新發現或新理解」的內容標起來就好。
- 遇到想要牢牢記住的內容，請將該頁面的邊角折起來，如果是閱讀電子書，可以截圖存在你慣用的筆記App中。

鬆的機會呢？我說的並不是整個周末排滿行程，也不是在度假時繼續工作，這種「假的休閒時光」沒有任何意義，休息就是為了要幫你的身體的充電，讓你可以繼續努力下去。對我來說，生活就意味著努力工作，十七世紀的思想家伏爾泰說得好：「我年紀越大，就越覺得有必要繼續工作下去，從長遠來看，工作成為最大的快樂來源，並取代了對於生活的幻想。」

休息可以減輕壓力，並提高創造力和生產力。科學研究顯示，休假可以減少身體感知到的工作壓力和過度疲勞，休息幾天確實會使身心收穫良多，但除此之外還有更多的好處。從提升生產力的角度來說，我很好奇在適度休息或放假之後，重返工作崗位我們真的能完成更多的事情嗎？答案是肯定的。不過你要先了解一個前提：完成更多工作代表著什麼？

其實完成工作與時間無關——就算你的工作時間很長，也不等同於能完成更多工作。研究顯示，工作時間越長通常意味著生產力越低，因為如果手上有更多的時間，我們經常傾向浪費時間。道理並不難懂，假設我對你說你有一年的時間寫一篇文章，你會怎麼做？可能會不停拖延下去吧？但如果我告訴你只剩兩小時可以寫，你就會馬上開始思考要怎麼樣才能趕快寫出這篇文章。因此在某種程度上，比較多的休假日和比較少的工作天數會迫使你更有效地利用時間。

也有研究指出，假期本身並不會讓你變得更有生產力，而是放比較長的假，會讓你強烈渴望在更短的時間內完成更多的事情，這對所有人來說都是雙贏的局面。你休息幾天，為自己充電，與家人或朋友共度快樂時光，等回到工作崗位之後工作效率會更高，聽起來很棒吧？但是請先等一下，我得警告你一件事，如果你在放假時也覺得壓力很大，就會抵消放假帶來的正向好處。因此，請盡量在假期中減少壓力，否則就浪費了放鬆和提高整體效率的絕佳機會，以下是一些可能有用的提醒。

1. 如果你是個計畫狂，好好計畫假期吧！

我有位朋友喜歡幫所有事情做計畫，就連度假時都會仔細安排每天的行程，我則恰恰相反。幾年前我們一起旅行時，他說：「我要仿效你的風格，一切都『到時候再說』，這次要隨心所欲地好好玩。」旅行第一天早上我睡到十點，結果他七早八早就起床，並因為沒有行程表而感到不安，於是花了一整個上午的時間來制定行程表。請不要試著成為別人，如果你想周詳地擬定假期計畫，就放手去做吧。別忘了保持彈性就好，畢竟你正在度假，應該要讓身心放鬆一下。

2. 拍一部每日電影

這不只能幫助你發揮創意，也能保存美好的回憶，此外，專注於拍攝影片會迫使你的注意力集中在特定的人事物上，你就會更活在當下，也不會那麼擔心假期結束後要做的事。不過，我不是要你一天到晚拍個不停，因為這樣反而本末倒置，根本不是在享受當下。

你只需要一支智慧型手機，用手機錄影，並直接在手機上進行編輯即可，如果你偏好製作成更正式一點的影片，請依據個人喜好搭配使用適合的相機或筆記型電腦。

3. 閱讀多多益善

比爾．蓋茲那求知若渴的閱讀習慣廣為人知，他也會執行所謂的「思考周」，也就是在「思考周」中，他除了閱讀和思考之外什麼都不做。他固定會發文分享近期正在閱讀的書籍，如果你需要一點靈感的話可以多加參考。我很喜歡在放假時讀好幾個小時的書，閱讀可以讓時間放慢，促進你思考，對大腦非常有益。

4. 感到無聊

我用來尋找新點子的最佳策略之一就是讓大腦擺脫無聊。聽起來很簡單，但實際做起來可不容易，因為我們很會分心。以前我為了擺脫無聊，會拚命追劇、外出玩樂、滑手機等來分散自己的注意力，但後來發現其實可以反過來好好利用無聊。我不再試著讓自己分心，而是整個人沉浸於無聊之中，讓它引導思緒。我非常喜歡的藝術家安迪．沃荷就欣然擁抱無聊，你可以從他製作的無聊電影或著作《安迪．沃荷的普普人生》中提到關於無聊的內容找到答案。

每當我遇到創作的瓶頸時，我會什麼都不做——是真的什麼都不做。這是一個很棒的策略，也許你會忽然靈光乍現，想到下一個最棒的目標。

在某些人眼中，從來沒有休息的好時機這回事：

- 「等我完成這個專案再說。」
- 「我的老闆不會准假的啦。」
- 「人家會覺得我很懶惰。」
- 「我沒有時間。」
- 「錢是不等人的。」

是啊，我以前也是這樣的人，但難道你真的寧願拚命工作到過勞倒下嗎？這樣還不如在耗盡精力之前先好好休息一下，因為人生還很長，我們要養精蓄銳打持久戰才行。

（有好幾年的時間我沒有多餘的錢可以外出度假，如果你也處於相同的情況，請在家度假吧，前面提及的訣竅在家裡仍然適用。）

刪除無意識的瀏覽

我們都有過自覺效率低落、什麼事都沒做的時候，很可能是因為同時受到干擾以及多工處理任務耗盡了你的精力。

同時應付多項事務會讓你的注意力不斷切換，例如一邊開會一邊寄電子郵件，還順便回覆朋友的訊息以及滑一下臉書。任職於加州大學爾灣分校的心理學者馬克（Gloria Mark）所做的一項研究顯示，注意力中斷後平均需要二十五分鐘才能重新聚焦回原來的工作上。由於我們的注意力不只一次受到干擾，重新聚焦的時間當然會越拉越長，最終讓人覺得自己一整天什麼事都沒做。

史丹佛大學的社會學家納斯（Clifford Nass）研究了同時處理多項任務的影響，發現同時處理多項任務的人「容易沉浸於無關緊要的事情」。我們之所以會同時處理多項任務，正是因為被各種容易引人上癮的各項最新消息拉走注意力。我們無法控制自己頻繁查看跳出來的通知，就為了第一時間知道有什麼人事物渴望獲得我們的關注，因此每當手機螢幕上彈出訊息通知時，我們的大腦都會釋放出多巴胺。

多巴胺是人體的一種快樂化學物質，控制大腦的「愉悅」系統，讓你感到快樂，這種快樂的感覺會讓人上癮，並促使我們進行更多能刺激多巴胺的行為，例如大吃特吃、從事性行為、服用藥物或者點開手機螢幕跳出的通知。

多巴胺會讓我們感到亢奮，也會讓我們筋疲力盡，這就是為什麼你在摸魚了一整天之後還是覺得疲倦不已。這是一個有害的循環，我們需要停止這種行為模式。

解決方法：消除瀏覽

提高工作效率的核心其實就是好好掌控自己的一天。對生產力造成最大影響的阻礙就是漫無目的地瀏覽網路，絕對會讓生產力變零。寶貴的時間就在「瀏覽」中不知不覺地流逝了。「天啊?!我這兩個小時什麼也沒做。」請控制你的注意力和時間，重點是做一些值得你花時間的事情。換言之，請對你的「時間」保持覺察，並有意識地將時間投入在能夠改善生活品質的事情上。

二十件讓你變得更有效率的事情

過去三年對我來說意義重大，因為我比以前完成更多的事情、搬到不同國家去住、買了一間公寓和小型辦公室、與家人朋友共度許多美好時光、保持健康的生活方式，以及每周至少運動四次。許多因素都會影響你的生產力，假如缺乏正確的心態，即使你有再多的工具、應用程式或祕訣都不會起作用，因為生產力其實是一種生活方式，是為了實現最大產出，完成任務，而且不浪費時間。我認為「產出」和「幸福」是相輔相成的，對我來說，什麼都不做就等同於悲慘人生。我想分享過去三年間自己經常做的二十件事情，它們幫助我發揮出過往從未有過的超高效率。（我列出的順序與重要性無關。）

1. 快速切入正題

生活中同時有著重要的和無意義的事物。八卦、閒聊、拖延、無所事事地等待、把話悶在心裡……這些都是沒有用的行為。如果你想把事情做好，就必須直接投入行動。

2. 記錄你所有的想法和點子

我們人體跟電腦一樣，也有所謂的隨機存取記憶體（ＲＡＭ），用來儲存短期資訊。人的記憶體容量是有限的，只要儲存空間不足，舊的資訊就會被刪除，以便為新資訊騰出空間。所以我建議你寫下腦中的想法來空出記憶體容量，這有助於你挪出更多腦力使用在重要的事情上。即使你寫下來之後再也沒看過那頁筆記，仍然值得一寫。

3. 勇敢說不

在工作中，我會拒絕一切對自己的目標沒有幫助，以及與我的價值觀相違背的事務。我們生活在一個豐盛繁榮的世界，眼前總是有充足的機會等著我們做出選擇，以我的個人來說，我會對所有不能讓我感到興奮雀躍的任務說不。如此一來，就能避免我把時間浪費在不感興趣的事物上。

4. 每三十到四十五分鐘休息五分鐘

你可以伸展一下背部、起來走動、喝點水，但更重要的是，你可以把注意力從工作中暫時抽離，這樣等你回到位子上準備再次開工時，可能會想到新點子，又或者可能意識到：「我剛剛到底都在做什麼？」成功阻止自己不知不覺浪費掉所有的時間。

5. 消除一切讓你分心的事

不要太高估你的意志力，如果有什麼事情讓你分心，就趕快把它移除。我有位朋友非常沉迷於看新聞，我建議扔掉電視、刪除手機裡的新聞app，並封鎖筆記型電腦裡常逛的新聞網站——兩周後，他告訴我他終於要開始創業了。千萬不要以為你不會受到干擾，請鼓起勇氣把它們全部消除掉吧。

6. 避免雜亂

混亂無序的生活表示你的大腦也很混亂，如果大腦一團亂，你就無法好好完成工作。我比較喜歡簡單的工作和生活環境：一張桌子、一台筆記型電腦和一本筆記本。請把事情簡單化，你不需要任何無意義的娛樂。

7. 有時候整天只專注於一件事

如果你有重複性任務必須完成，請盡量安排在一天內只完成同一件事。舉例來說，每周我會安排一天寫完兩到三篇部落格文章，其他專案或業務也會比照處理，安排一天完成一定的工作量。在專心寫作的工作天裡，我會關掉手機，認真寫作，不讓其他事情妨礙我。

8. 停止閱覽太多資訊

你不需要閱讀五千篇有關生產力的文章。當然如果發現了有用的資訊，請嘗試看看，但千萬不要搜尋過多資料，因為過猶不及，而且你的消化能力有限。請停止閱覽，開始行動。

9. 建立例行公事

做決策會讓大腦疲勞，建立「例行公事」流程會減少做決策的次數，也就表示你可以保留更多的腦力用在真正重要的事情上。例行公事非常有效，請多加運用。

10. 不要同時處理多項任務

同時處理多項事務，例如一邊開會一邊寄送電子郵件、回朋友的訊息以及滑臉書，都是在分散注意力。我要再次提醒，加州大學爾灣分校的心理學者所做的一項研究顯示，每一次因干擾中斷後，我們平均需要二十五分鐘注意力才能回到原來的工作上。這可是在浪費有用的時間。

11. 每天查看電子郵件兩次就好

每次查看電子郵件都會讓人覺得多巴胺濃度飆升，所以我們大多數人都對此上癮。儘管多巴胺可能會讓你產生一股衝勁，但也會讓你筋疲力盡，所以即使一整天生產力很低卻還是覺得非常疲倦。為了大幅減少這種情況，請關閉信件通知，每天只在兩個特定時間檢查電子郵件就好。

12. 醒來後的第一個小時不要使用智慧型手機

智慧型手機的主要功能就是干擾你，請不要放任其他人或應用程式在每天的第一個小時就打擾你。請利用醒來後的第一個小時預想接下來的行程，讀一本書，享用早餐、咖啡或茶。

13. 規劃第二天的任務

每天晚上睡覺前，我都會花五分鐘設定第二天的優先事項（通常是三到四項），這讓我醒來時更能專注在今日的重點任務。我發現如果自己不預先安排好，第二天就很容易浪費時間。「隨心所欲」很酷，唯一的問題是：我不想成為一隻盲目追車的狗。

14. 盡量不要「想太多」

會說「我還要想一下」的人多半是因為想太多而煩惱不已，所以別想太多，就去做吧，看看會發生什麼事。如果你覺得效果還不錯，請繼續保持下去，如果覺得不怎麼樣，那就改做別的事。

15. 鍛鍊身體

有幾件事對生活至關重要：食物、水、住所、人際關係和運動，沒有這些東西你就無法正常生活。經科學研究顯示，經常運動可以讓你更快樂、更聰明、更有活力。

16. 多笑一點

笑可以減輕壓力。如果你想保持生產力，就不會希望壓力纏身，因此請盡可能地讓自己的嘴角上揚。

17. 不要去開會

對於在公司工作的人來說，這項任務非常艱難。有些公司有所謂的「會議文化」，開會只是為了讓事情看起好像很重要或者拖延開始執行工作的時間，看在老天的分上，請停止這種無用會議。

18. 這真的有必要嗎？

盡可能多問自己這個問題，你會發現答案往往是「不」，那麼為什麼要做這麼多不必要的事情呢？

19. 如果你度過了糟糕的一天，請按下重置鍵

你可能會搞砸，也許有人因此對你發脾氣——但糟糕的事情就是會發生，不要因此感到沮喪。請花一些時間獨處、冥想、聽音樂或散步，試著讓情緒回到正軌，不要被負面情緒拖垮、浪費一天寶貴的時間。

20. 好好執行工作

紙上談兵永遠比付諸實行要來得容易，人人都可以講得天花亂墜，但你不是這種空口說白話的人，對吧？你是個高生產力的大將，那麼就要名副其實，腳踏實地去做。

如果不是靠著嚴守這二十項原則，我根本就沒有生產力可言。你可能注意到我沒有花篇幅介紹好用的工具或應用程式，因為我認為這些東西並沒那麼重要。我前面提到的原則宗旨在於創造出高效的思維方式和環境，讓你能夠打好基礎，成長茁壯。我只在乎透過有趣、沒什麼壓力的方式完成任務，因為這樣也會讓工作變得更加有樂趣，讓人感到心滿意足。

休假可以改善工作和生活的理由

每每感到疲倦或忙得喘不過氣來時，你會做什麼？你會咬牙硬撐過去，還是會休息一下？我以前認為無論發生什麼事都應該堅持到最後，時至今日，對於人生我仍抱持這樣的想法，你不能放棄照料自己和家人，責任感是生活中最強大的動力之一。不過，這一章的重點是「從工作抽身，暫時休個假」。很可惜請假在社會觀感中仍是一大禁忌，有人認為只有失敗者才會請假，也有人認為這是逃避工作的方式——畢竟，「如果你熱愛工作和生活，為什麼還需要休息呢？」

曾與史蒂芬・霍金合著兩本書的物理學家雷納・曼羅迪諾，在個人著作《放空的科學》中探討了與休假相關的科學研究，他證實，休假可以改善我們的幸福感。「雖然有些人可能認為『什麼都不做』是件毫無生產力的事，但缺乏休息時間對我們的身心健康不利，因為停工時間可以讓我們內部的預設網路好好消化近來經歷或學到的東西。」

那些從不抽空喘口氣的人，他們的專注力都是很短暫的，只能聚焦在眼前的事物上。這樣的短期思考會損害個人的長期發展和成長，請想想看，如果你明明已經筋疲力竭了，卻還埋頭苦撐會怎麼樣？大多數情況下，你的成果會受到影響，工作效率也會降低，甚至有可能變得非常憂鬱，而這只會讓你身陷挫折更久。

預防勝於治療

「預防勝於治療」大家應該都聽到爛了，但是我們真的會認真去找預防方法嗎？不會，我們通常屈服於鴕鳥心態，覺得「以後再處理」，然後把事情丟到一旁。這是很糟糕的策略，理想做法是積極預防過勞或整體工作效率下降的情況。個人成長領域的先驅戴爾·卡內基，在《人性的優點》一書提到：「預防疲勞和擔憂的第一守則是經常休息，在覺得累了之前就要先休息。」

我建議你一整年中要策略性地安排休假，我自己也是這麼做，並且從中體驗到五個好處：

1. 你可以審視自己是否走在正確的路上

我們工作時會有兩種模式：

1. 執行
2. 思考

處於執行模式時，我們可以連續工作好幾個小時、好幾天或好幾個月。

事實上，我認識一些多年來長期處於執行模式的人，他們從未撥出時間來反思自己的工作，後來往往面臨中年危機或青年危機。這就是一味埋頭苦幹、不假思索地執行時會得到的結果，這是你想追求的嗎？

休假時我們可以進行更多的內在對話，這是最重要的好處之一。雖然短期之內工作進度可能會稍微落後，不過請不要以狹隘的眼光看待自己的職涯。以我個人為例，我至少需要十天的休假時間來認真反思。假期的前五天我仍然在執行和思考兩個模式切換，因為人是習慣性動物，剛從工作中抽身很難立刻轉換到什麼都不做的反思模式。經過較長時間的休息後，我總是能對自己產生新的了解。

我前面說過我熱愛閱讀，在不久前的兩周假期裡，我讀了五本書，但完全沒有寫任何認真的東西，只少少寫了些生活紀錄。我就只是閱讀、看電影和紀錄片，跟朋友一起出去玩、聊天、發呆等等，這些休閒活動沒花我什麼錢，卻能獲得驚人的回報。假期結束後我覺得精神好多了，活力更加充沛，很高興能重返工作崗位，這也是我學到的一個新體悟。

2. 要消化你的想法

大腦其實做了很多你沒有意識到的事項，其中一件就是消化、處理許許多多的想法。我們都有過從未實現的想法，世界上有非常多人都聲稱過，自己對臉書、IG或任何其他新事物有很棒的點子或創新。我就遇到這樣一個人，他宣稱有個製造電動腳踏車的好點子，但是他對此有採取任何行動嗎？沒有，他至今仍在阿里巴巴上買進一些沒有用的垃圾，然後挨家挨戶賣給企業客戶。

我們都會有新的想法，而且不限於跟賺錢有關：

- 「我想重新裝修房子。」
- 「我想進行一場紐約到洛杉磯的公路之旅。」
- 「我想寫一本書。」

所有的想法都很棒，但是你接下來打算怎麼辦？我說的還不是「執行」喔，因為所有的想法都要先經過消化，請好好想一想：這是個好點子嗎？我真的想做這些事嗎？

如果沒有經過消化就直接跳到執行，事後很容易覺得在浪費時間。當然，要完全避免這種情況發生是不可能的，但是好好花時間消化腦中的想法，可以避免未來的自己承受太多痛苦、憂慮，甚至是金錢損失。

3. 你可以花更多時間在藝術上

什麼是藝術？就是任何會讓你動腦思考的事情，比如說歌曲、電影、繪畫、書籍、詩作、文章、攝影、雕塑，任何事物都可以是藝術，世上沒有任何權威可以強制規範什麼是藝術、什麼不是藝術。我從藝術中獲得很多靈感，無法想像沒有它生活會怎樣。藝術最棒的一點是可以讓你心情愉悅，讓你過得更加幸福快樂。

我們可以從經典款入門，去聽巴布．狄倫、馬文．蓋（Marvin Gaye）、惠妮．休斯頓的歌曲；觀賞希區考克、法蘭西斯．科波拉執導的電影；閱讀海明威、哈波・李、雷爾夫・艾里森（Ralph Ellison）的作品；去大英博物館研究安迪・沃荷的創作。如同世上數百萬人一樣，你會受到他們的作品啟發，進而豐富自己的生活。

4. 你可以專注於其他重要的事情（與工作無關的）

「你能告訴我更多關於你的事情嗎？」如果我問你這個問題，你會怎麼回答？大多數人會這樣自我介紹：「我是〇〇公司的會計師。」現代生活幾乎迫使你透過工作來建立身分認同，可是你本人並不等同於你的工作，你背後還有家人、朋友、嗜好、熱情。工作確實很重要，但其他事情也同樣重要。

永遠不要輕忽生活中其他重要的事情，請透過互動來培養與家人和親密朋友的關係，比方說，全家人一起去度假，或者是和朋友一起去爬山。我建議你主動提出邀約，與其苦等家人朋友來邀請，不如自己主動出擊吧。在人際關係上投入時間，大家都會有美好的共同回憶，進一步加強你們之間的羈絆。不過也別忘了專注在自己身上，你的嗜好是什麼？你想多學習什麼領域的事呢？你的夢想是做什麼？有答案的話，就放手去做吧。

5. 過度休息會變得無聊

人類工作是有原因的，我們生來就是為了創造東西，我相信人生的目的就是成為一個有用的人，讓自己變得有用，最終會帶來有意義的生活，滿足你所有生而為人的需求。這也是過度休息會讓人感到焦躁不安的原因。我母親總是告訴我，物極必反，好事接踵而來時反而會變成壞事——我以前常和朋友出去鬼混，以及交第一個女朋友的時候她都這樣警告過我。

過度休息就跟過度工作一樣，不是一件好事。我們的身體和思想是生來要使用的，所以我從放空獲得的最後一個體悟是：休假之後就是工作。延續這個邏輯，你覺得工作之後會是什麼？如果你回答「更多的工作」，那麼顯然沒有抓到我的重點，你可能需要休息一下。

時間分段法：提高專注力並完成更有意義的工作

今年你有想要實現的優先事項或目標清單嗎？你可能覺得很難妥善分配時間給不同的目標，我也有這樣的困擾。生活總是充滿混亂，我們都要同時處理許多不同的事情，儘管簡單的解決方案是停止處理生活中的雜事，但這並不實際也沒必要。只要用對方法，你可以在不浪費時間的情況下做更多事情。

時間分段法（time blocking）是許多人使用的簡單生產力策略，這並不是什麼很複雜或創新前衛的方法，你只需要一份行事曆就行了，這是任何擁有智慧型手機和電腦的人都有的東西。時間分段法是在行事曆上為你最重要的優先事項安排一段時間，在那段時間裡你只做那件事。你也可以完全照著行事曆按表操課，這樣就不必思考「接下來我該做什麼」。時間分段法不只是生產力工具而已，更是與自我覺察有關。

高生產力之路始於自我覺察

舉例來說，我今年的首要任務之一是寫一本關於實用思維的書，但有個問題：我根本還沒開始寫。

我怎麼得出這個結論的？我簡單翻了一下今年的優先事項清單，並且對照行事曆，發現已經有一段時間沒有安排寫作的時間了。你可能會想吐槽：「這種事還要看行事曆才知道?!」我並不是能記住一切的超級電腦，只是一個普通人。我想到要做的事情，開始努力執行，但總會有各種狀況跳出來阻礙我的計畫，於是我就默默忘記了。這一點會發生在所有人身上，所以我們需要自我覺察和管理自己的時間工具，這就是我喜歡「時間分段法」的原因。

有些人喜歡時間分段法，但有些人討厭

暢銷書《深度工作力》的作者卡爾・紐波特也是時間分段法的愛用者，他說：「我很認真執行時間分段法，每天晚上都會花十到二十分鐘來安排第二天的行程。在規劃過程中，我會查閱任務清單和日曆，以及我的每周和每季計畫筆記，目標是確保在期限內以正確的速度，在正確的事情上獲得進展。」

最後一句話正是我會認真安排自己想做的事情的原因。「有做工作」並不等於「獲得進展」，時間分段法可以幫助我集中注意力，這樣才能完成對我而言具有意義、對人生有實際影響的事情。

我知道也有很多成功人士的行事曆是空的，他們每天只要工作兩到四個

小時就好，老實說這對我來說也很有吸引力，然而，一個人必須評估自己的生活狀況：你想達到什麼目的？更重要的是，你有什麼資源？通常來說，財富不太多的人反而會有很多時間，那為什麼不聰明運用時間呢？

我會提前計畫未來幾天甚至幾周的工作行程，以確保自己把時間精力放在正確的事情上，因為很多時候，我光是忙日常必要的瑣碎任務，就會忘記做重要的工作。生活中的每個領域我都會執行一件大的計畫，這些領域包含我的小公司、我的部落格、Podcast、線上課程、人際關係、朋友、投資理財等，乍看我好像在做很多不同的事情，但這取決於從什麼觀點來看，我認為自己所做的一切都指向同一個目標：過著有意義且自給自足的生活。

如果你缺乏專注力，難以取得進展，並且想要以更有條理的方式工作，請花時間嘗試一下，以下是我學到的一些可能有幫助的方法：

- 每天晚上花十分鐘規劃第二天的行程，如果必須為某些重要的計畫挪出時間，請重新安排當天的所有工作時段。
- 若有固定任務，就要安排固定時段來進行，例如我每周二和周四固定安排兩個小時來寫新書。

- 不要安排太多計畫，你不可能連續十小時都維持超高效率，請在任務與任務之間留一些休息時間給自己。
- 排定的時間一定要多於你認為所需要的時間。

萬一安排太多計畫怎麼辦？

沒問題，你可以刪減計畫。話說回來，世界上什麼樣的理念都有，甚至有人提倡反生產力的生活方式，他們聲稱自己行事曆空白一片，但這表示他們不關心生活中的任何事情，只不過是假裝很懂得「享受」自己的生活。他們總是隨心所欲，順其自然，喜歡做白日夢。

你知道這讓我想起什麼嗎？學校裡那些優等生很愛說：「啊，今天考試我都沒念。」但最後他們還是每一科都拿到A＋的好成績。簡言之，這樣的人只是想讓你相信他們沒有付出太多努力。這是假象，為了讓人以為他們輕而易舉就能把生活經營得豐富美好。據我所知，要達成有意義的人生目標是很困難的，所以並不認為假裝這件事很容易能帶來什麼好處，但是也不認同把自己逼到崩潰邊緣這麼極端的選擇。

我常常想到這個問題：你是業餘愛好者還是專業人士？我要分享史蒂芬．普雷斯菲爾德在他的代表作《藝術戰爭》中，對於完成工作有個非常著名的比喻：「業餘愛好者只有在靈感來臨時才工作，專業人士每天坐下來，投入穩定的工作。關鍵在於穩定，而不是不規律或極端式的。」

我停止每天運動，結果是……

我每年都會設定一個新的目標，例如有一年我想盡可能去海外工作和旅行，有一年是希望整年可以閱讀超過一百本書，另外還有一年，我希望自己可以每天運動。以上三個目標我都順利達成了，我很喜歡設定每年的重點計畫，因為可以讓人清楚知道自己想把時間運用在什麼事情上。只要下定決心、全心投入去做，你會很驚訝自己一年內能有多大的收穫。

今年我的目標是寫更多的書（儘管進展不太順利，但仍在努力），但同時也不想停止閱讀和運動，然而世事難以盡如人意。一月的時候我得了流感，等康復後重回工作崗位，我低估了自己需要趕上進度的工作量，因此還不怕死地想幫部落格想新的專欄，以及開發線上課程的內容。

我心想：「我不可能所有事情都兼顧，所以我要減少運動的時間。」**真是大錯特錯！**採取這項錯誤的決策之後，我的生活出現以下變化：

- 我不再每天運動，而是每周上健身房二到三次，另外每周也會跑步一次。（這是一月底的情況。）
- 最初幾周，沒有什麼問題，我感覺很好，而且工作效率很棒。
- 但到了二月底情況就改變了，我開始在工作做完之前就覺得很疲倦，這是以前從未發生過的情況。
- 我也開始減少寫作量。我手邊有大量的文章庫存可以使用，所以我每周更新兩篇文章。
- 到了三月分，我的工作效率變得很低。幸運的是，我始終堅持執行這一套生產力系統，設法完成了最低限度的必要工作，但是我停止進行其他創作。

- 我晚上開始狂看Netflix，甚至還看了一集改編自經典科幻電影《未來總動員》的影集——不得不說影集改得很爛，我寧願在睡前看書。
- 所以我對自己浪費掉的時間感到沮喪。
- 我感到沮喪時就會開始寫日誌，並好好自省一番。
- 我審視了這一陣子的習慣，注意到自己很容易累、完成的工作量也變少。
- 為什麼？原因出在「運動」上。我缺乏運動。
- 在四月之前，我把目標改成「恢復之前的體能水準」。

這成了我的當務之急。如果你也想保持身材和體能，那麼了解自己的目標就很重要。以我個人來說，我身高一百九十公分，體重八十二公斤，但這並不能代表什麼。最常見的衡量標準（例如體重指數）毫無用處，它們無法說明身體的強壯度。老實說，我並不在乎測量結果，也不在乎體脂肪，我注意的是自己的健康狀況以及它如何影響到我的日常生活。當我狀態良好時，我可以：

- 快速跑完五公里，而且不需要停下來休息。
- 硬舉、深蹲和臥推至少八個循環，而且舉的重量跟自己的體重一樣。
- 至少做十五下的引體向上。

以上標準是根據我的身體和過去經驗，你必須找到適合自己的目標。對我來說，一個人應該至少要能夠舉起或推動與自身體重相同的重量，這些鍛鍊可以幫助你每天都有充足的體力。當你狀態良好時，就會有更多的精力和專注力。

想找到你的健身目標嗎？

閱讀有關健身和健康的書籍、觀看YouTube影片、詢問專家意見，然後制定適合你自身的健身計畫，而不是盲目照抄那些年輕健美好手的訓練菜單。你也不是非要做重訓不可，請找到你喜歡的運動，透過它鍛鍊自己的體能。分享一個殘酷的事實，如果你不好好運用力量和耐力，你就會漸漸地流失它們。你應該重視這件事，暢銷勵志作家金克拉曾經這樣強調動機的重要性：「大家常說動力不會持久，嗯，洗澡也一樣——這就是我們建議要每天做的原因。」

因此，如果你沒有每天運動，就等於沒有每天讓自己過得更好。只要停止運動，生活品質就會下降，如果想改善，你沒有其他捷徑可以走。我知道，這不是大家愛聽的建議，保持規律運動的習慣很不容易，但這就是重點所在！

美好生活最簡單的解決方案操之在己：關心你的身體。所以，你是要繼續忽略它還是開始強化它？

研究顯示，欲提高工作效率，你需要做的是休息一下

你一天的大部分時間是不是都在辦公桌前度過，同時發現很難一整天集中注意力？有個簡單的解決方案可以提高你的工作效率和專注力。很多人會問我：「怎麼做才能在不分心的情況下完成更多的事情？」人的天性就是想不斷提高產量，以生產機器來說，只要持續提升運轉速度就好，但你的個人生產力無法比照辦理。

在讀過大量討論生產力以及時間管理的書籍、文章，並嘗試過不同的方法來提高自己的生產力，我得出一個簡單有力的結論：想在相同的時間

內完成更多的事情，需要的不是尋找捷徑或技巧，而是執行比較少的大目標。我不討厭工作，但很不喜歡把時間浪費在毫無意義的事情上。有時我會先看個 YouTube 影片，然後咻一聲兩個小時就過去了，我會因此對自己生氣，但這樣做並沒有意義，跟你喝了一整晚的酒之後隔天把責任都推給酒精一樣。

問題並不是出在酒精，而是你自己身上，你就是難以克制只喝一杯酒，或是只看一支影片。我找到方法來消除工作中因分心而產生的挫折感，這讓工作變得更有趣，同時我感受到的壓力也變小。

解決方法很簡單：每工作三十分鐘就休息五分鐘

這個方法也被稱為番茄鐘工作法，運作原理很簡單：人類的大腦無法長時間專注於單一任務，我們大腦的首要目標是確保我們能生存下去，為了保護我們免於受到迫在眉睫的威脅，大腦始終處於警覺狀態，所以長時間專注於一件事對大腦來說是很困難的。根據伊利諾大學的教授賴拉斯（Alejandro Lleras）的研究顯示，先暫停一下再重新開始工作可以讓我們保持專注力。

當你完成長時間任務，例如準備考試、做簡報或撰寫報告，最好有計畫地進行短暫的休息。休息也會提升工作品質，因為每一次休息都能促使你花幾秒鐘重新評估工作狀況，有時候會發現自己必須稍做調整，工作品質才能變得更好。相反地，如果你一口氣不間斷地完成一項任務，就很容易失去專注力並且進入鬼打牆模式。

基於前述理由，這短短五分鐘的休息時間與三十分鐘的工作時間一樣重要。請認真看待你的休息時光，不妨將其視為一種獎勵，利用休息時間散步、做一些伸展運動、喝杯咖啡或做一些讓自己放鬆的事情，並且為目前所完成的工作感到開心。開始運用番茄鐘工作法的那一年，我完成了大大超乎預期的工作量，還發現工作變得更有趣、壓力更小。

我試過不同的工作時間長度（二十五、三十和四十分鐘）和休息時間，四十五分鐘幾乎是極限了。根據一些研究顯示，長時間集中注意力只會得到反效果，所以你可以測試看看喜愛的工作能持續做多長的時間再做休息。以下還有其他一些注意事項可以幫助你執行得更順手：

- 使用App設定三十分鐘的工作計時器，我用的是Tomighty這個App。
- 每個三十分鐘的工作時段，只要專注於一項任務就好。
- 不要跳過休息時間。
- 休息時間內不要查看電子郵件。
- 四次循環之後要休息十五分鐘。
- 在三十分鐘的工作時間內，請把外界干擾或不怎麼緊急的狀況放到一邊。
- 設定每日目標，例如：每隔三十分鐘休息一次，一天總共進行十次，就能產生三百分鐘的高效工作。

面對生活中無所不在的注意力噪音，我們很容易忘記休息的重要性。你不需要閱讀太多討論文章，只要休息一下就能有效提升生產力。有時候，我

不知道自己想要的是什麼嗎？提升這七項通用技能

你認為的成功，應該是什麼樣子的？在人生中你想要得到什麼、想從事什麼職業？大多數人都會回答「我不知道」，然而我們卻認為如果不知道自己這輩子想做什麼，是世界上最糟糕的事。我們會焦躁不安：「天哪，我竟然不知道自己想要的是什麼！」並因此陷入極度恐慌，老實說──幾乎所有人都有同樣的大哉問。

尤其是當你看到大學同學步入婚姻、同期的同事獲得升遷，在這些脆弱的時刻，我們往往會過度聚焦在自己人生中的不確定性。我犯過的最大思維錯誤之一，就是認為自己需要很明確知道這一生真正想要做的是什麼，然而事實是，沒有人知道自己真正想要的是什麼。

接受這樣的不確定性吧！

你可能明天突然被一頭牛撞死（真實發生過的事件），可能股票大跌讓你的身家財產瞬間蒸發一半，又或者你家慘遭祝融之災……我不必一一細數所有可能發生的意外，總之我們必須認知到，生命中發生的大多數事情，我們都找不到答案。

你能繼續保持健康嗎？股市會崩盤嗎？你的事業前景仍然欣欣向榮嗎？**沒人說得準**。

這也正是生命的美妙之處，前美國第一夫人愛蓮娜・羅斯福說過：「如果人生是可以預測的，那麼我們就不是活著，而且再也體驗不到酸甜苦辣了。」

曾經有人問我：「你讀那麼多書要幹嘛？你又不可能應用學到的所有東西。」這話不假，我這輩子的確不會運用到那麼多知識，但繼續閱讀各種不同題材的書籍是為了以備不時之需，或許未來有一天我會需要某個特定的知識，而那個時刻可能是改變一生的重大機會！

舉個例子，有一天我的朋友和指導顧問不約而同告訴我，應該要跟別人分享我對生產力、生活和商業的想法，我因此開始認真考慮這件事。有很多方式可以跟他人分享自己所知，像是為不同團體提供培訓工作坊，或者擔任顧問一對一地指導客戶，也可以製作YouTube影片、擔任企業講師等等，有無限多種選擇。

由於我一直對寫作有興趣，過去也接觸過很多關於寫作技巧的資訊，所以我意識到自己應該把想法文字化並分享出去，這是最簡單的起步方式。我過去也學過怎麼架設網站，於是一天之內就建好個人網站。我開始每天寫作，持續了一個月，結果呢？我寫了一本書和一堆文章出來。

知道你想前往的「方向」而非「目的地」

想當年我在閱讀寫作和架設網站相關資訊時，並不知道日後自己會利用這些知識創立自己的部落格。說實話，當時的我不知道自己想要什麼，只知道想要往哪個方向發展：我想對社會做出一些貢獻，並且做喜歡的工作。因此，「確切知道自己想做什麼」並不重要，人是會改變的，大環境也會發生變化，一口咬定「我知道我想要的是什麼」是不切實際的。我們唯一需要的就是方向感：心中對目的地的願景。

你可能經常看到有人說他們總是知道自己想要的是什麼，那只是地球廣大人口之中的一小部分而已。我本身從未認識這樣的人，大多數人從出生第一天起沒有這種堅定的信念，但隨著時間的推移，信念會漸漸茁壯，如果你無法決定人生的方向，那麼這自然就是你人生的第一個目標——先弄清楚你想去哪裡。

這就是傑．亞伯拉罕在《小技巧大業績》（這是我一直以來最喜歡的商業書籍之一）所提供的建議：「你的首要任務是找出你想要的是什麼，然後確保你選擇的道路能夠滿足你的所需。沒有比看到一個人已經七、八十歲，卻因為追求錯誤的目標而對自己過往的人生懊悔不已，更令人悲傷的了。」看，他也沒有說你應該「清楚知道」自己想要什麼，因為這真的很不切實際。我們只需要知道自己大概要往哪裡去就好，雖然看起來很模糊抽象，但這是我在生活中唯一找到的有用答案。

致力於學習通用技能

弄清楚自己想要的方向之後，不要浪費時間看電視、吃垃圾食物，而是要有效利用你的時間，學習永遠可以賴以維生的技能。如果需要一些靈感，以下是我一直努力練習的技能：

1. **自律**：戰勝內心的負面聲音，起床吧。快去健身房，不要聽從內心的「我不想去」。

2. **個人效能：**學習如何把每天清醒的十六到十八小時運用得淋漓盡致，有效率地完成更多工作。

3. **溝通力：**我們都認為自己是溝通大師，其實是溝通魯蛇。溝通既是一門藝術也是一門科學，我們與他人合作的能力高低取決於此。

4. **談判力：**人活著就是一直在和別人談判，你不停跟另一半、小孩、父母、老師、朋友、同事、主管等進行談判。請學會如何為各方爭取最好的條件。

5. **說服力：**學習如何以合乎道德標準的方式得到你想要的東西。

6. **體力和耐力：**想要變得更健康強壯是需要技巧的。如前面章節提過，你至少要能夠舉起／推動相當於自己體重的重量，這是每個人都應該能夠做到的事情。

7. **柔軟度：**整天坐在電腦前或車上會讓身體變僵硬，學會如何伸展自己臀部、腰背、腿後肌和小腿，這些都是辦公室上班族身上最常出毛病的位置。

想把以上這些事項做好就夠你忙一輩子了，請任選讓你感到興奮的一項技能，設法去改善、加強，然後再選另一項，不斷重複這個過程。我想很快你就會知道自己想要什麼了，如果你還是不知道，那也不是世界末日，世界這麼大，還有很多東西等待你去發掘。

「準時離開辦公室」與「不要把工作帶回家」

本章標題這兩個原則，對於任何渴望獲得長期、快樂和滿意的職業生涯的人來說都該銘記於心。不過要付諸實行非常困難，我花了六年才弄清楚這一點，如今還是得不斷提醒自己：生活比工作更重要。

幾乎我工作過的所有地方，都有一種「感覺即現實」的文化，也就是「表面功夫」比現實更重要——換句話說，待在辦公室工作最久的人似乎就是最認真努力的員工。我們都知道唯一重要的是成果如何，然而大家還是很容易拿瑣碎的事項當成評估標準，例如參加了多少會議、在辦公室待了多久、多快回覆電子郵件等，這實在很可悲。

以我自己的小企業來說，我們鼓勵大家只要完成當天的工作就可以下班。本書前面也花了很多篇幅說明，專注處理最優先事項會比僅聚焦於工時多長要能獲得更好的成果，儘管如此，大家仍然覺得「我做完今天的最優先任務，我要回家了」這句話難以啟齒，因為我們與團隊一起工作時，往往不想讓別人覺得不舒服或不公平。然而，請先想想我們為什麼要工作，工作就是為了有所貢獻，無論貢獻對象是你的雇主還是你自己。

工時過長是沒有效率的

我認為就算你身邊的其他人喜歡每天工作十個小時以上，並不代表你也必須跟進，害自己變得毫無生產力。這也是我們廢除九或十小時工時制度的主要原因之一，根據大量研究證實，長時間工作只會適得其反。

過度工作和隨之排山倒海而來的壓力會讓人陷入憂鬱、產生睡眠障礙、記憶力受損，甚至罹患心血管疾病。現在你應該明白了，這就是為什麼我的第一條工作規則是：**準時離開辦公室**。

我和指導顧問曾經討論到熱愛自己的工作是多麼棒的一件事，他說：「我活到現在從未做過一份我不喜歡的工作，這是人生中我感到最欣慰的事情之一。」但就像我母親常說的那樣：「物極必反，好事太多就會變成壞事。」我相信工作也是如此。

別誤會我的意思，我指的並不是認真程度的問題，我一直以來都是非常認真工作，但是每天的工時不要持續太長。努力的哲學是知道何時該放棄，但就像指導顧問跟我分享的經驗談，要學會這一點很不容易：「我最大的問題是我工作時間太長，我早上七點出門，晚上十一點回來，實在有點過頭了。」

你必須保護自己免於受到工作過度的傷害，方法很簡單，只要時間一到，離開辦公室就對了——無論你是否熱愛你的工作，到了該回家的時候就趕快回去吧。沒有人需要你每天二十四小時都待在辦公室，只有你內心那個老愛擔憂的小我想這麼做。

我老實跟你說，準時回家不是世界末日，第二天辦公室還是會在那裡，你的同事也還會活著，公司不會馬上破產。工作的目的是要取得成果，如果你不能在每個上班日的那六到八小時之內做到這一點，那就是效率不彰，因此與其天天加班，不如把時間花在閱讀能提升個人效率的書籍，或去上生產力培訓課程還比較有實際效用。

不要把工作帶回家

切勿將工作帶回家做，因為這樣就違背了準時下班的初衷。沒有人會認為你在晚餐時間透過電話達成交易是很酷的事，再說回到家還不斷思索工作上的事情，對你自己也沒有什麼幫助。

請放鬆一點，打個電動、為另一半煮晚飯、帶孩子去散散步……去做任何事都好。幸福的生活其實很簡單，一切都在我們的掌控之中，我們可以決定什麼事情讓自己快樂。我把哲學家皇帝馬可．奧理略的一句話抄錄在日誌本上做為提醒：「幸福的生活不需要太多的東西，一切都取決於自己的內心，你的思維方式決定一切。」

我們都知道，金錢、成功、名譽或他人的認可本身並不能讓我們感到幸福，然而，人總是付出太多的努力，企圖獲得那些從一開始就無法讓我們感到快樂的東西。那麼，為什麼我們總是過度工作，讓自己受到職業傷害呢？原因可能來自我們的小我，又或者就是忍不住想這樣做而已，每個人的情況都不同。就我個人而言，我並不關心原因為何，我知道的是，工作過量會對生活和工作品質帶來負面影響。

重點在於我們要保護自己免於受到自己的愚昧所殘害，我們就像孩子一樣，需要規則才能快樂、安全地生活。這就是為什麼工作的第一條規則是「準時下班」，第二條規則是「不把工作帶回家」。你問第三規則呢？先暫時不用擔心這個，我們之後再來討論這個問題，因為我的下班時間到了，該回家了。

每天進步百分之〇・一

連貫性是關鍵：

你是否為了那些自己無法掌控的事情擔心不已？如果答案是肯定的，那麼我們就是同病相憐，絕大多數人都有過這樣的經驗，但擔心只是浪費時間和精力。請想像以下情況：你在工作上犯了一個錯誤，引發客戶的不滿，也許是你寄錯電子郵件，或者是忘記幫客戶解決問題，總之請想像一下工作中出了嚴重的包。發現之後你會做什麼？覺得壓力很大？不停責怪自己？怪罪到別人頭上？認為這是職涯的終點？每當事情出錯時，我們就成為自己最大的敵人，因為我們專注於自己無法掌控的事情上。我知道，閱讀這些文字是一回事，但要真正付諸行動又是另一回事了。

意外發生的時候，人自然會感到恐慌，這時請不要一直在腦中反覆播放已經發生的事，而是退後一步客觀地思考，專注於你能控制的事情上。基本上，我們只能控制自己的行為和心態。

我們可以決定自身的：

- 慾望
- 態度
- 判斷
- 決心

世界就是這樣，其他的一切我們都無法控制。因此，擔心不屬於這四者的事情是沒有意義的。這是斯多葛派哲學中的一大練習，是存在了好幾個世紀的智慧，最棒的是你可以立刻應用到生活中。下次發現自己擔心某種情況時，請專注於你可以控制的事情。真正重要的是我們是否做了正確的事，我們所能做的就只有這一點，而結果就只能聽天由命了。

1. 犯了錯？改正就好。

2. 出了什麼問題嗎？趕快尋找解決方案。

另外，壞事發生時永遠不要感到驚訝，更確切地說，你反而該預期它們會發生，如此一來你就永遠不會措手不及。同樣地，當你運氣不好時，不要抱怨，也不要說「為什麼我這麼倒楣」之類的話。請反其道而行，你該試著接受它，然後集中精力尋找解決方案，始終保持積極的心態。

為什麼這項練習可以提升生產力？

常常有人問我「學哲學跟提升生產力有什麼關係」，如果你想提高工作效率，最重要的是追求**連貫性**（consistency）。

生產力不在於靈光乍現、獲得重大突破、挑燈夜戰或整天喝紅牛提神。如果你想在人生中取得成就，那先以每天都有進步為目標。你想要每天運動、閱讀、工作、學習，但是請注意，不連貫性是成果的敵人。

這就是為什麼我積極實踐斯多葛派和實用主義哲學來提升心理韌性。這也是我個人生產力系統「零拖延」的重要組成部分。我不希望自己的情緒總是起伏不定，因為這對生產力來說很傷。我希望自己每天都能進步百分之〇・一，這是非常實際的目標，請嘗試一下，或許也會改變你的人生。

誰說一定要走出舒適圈？

我喜歡我的舒適圈，對我來說，這才是奇蹟魔法真正發生的地方。在我的舒適圈內，我有深愛的家人、朋友、工作、音樂、書籍、電影、單車、健身房、公園等等，立足於這充滿安全感的堡壘，我更樂於嘗試新事物並承擔風險。我從來不相信網路上那張常見的心靈雞湯圖卡，宣稱「成功的奇蹟魔法就發生在你小小的舒適圈之外」。

「奇蹟魔法」最好是只有在你走出舒適圈時才會發生！這是無稽之談，再者，為什麼要假裝待在自己的舒適圈是件很糟糕的事？為什麼要散布這種「舒適圈」跟「成功」是彼此對立的觀念？如大家所知，我一直努力突破自我，嘗試新事物、獲得成長，但從不認為我們該把舒適圈視為洪水猛獸，這一點我跟許多自我成長圈的人持相反意見。你也許因此認定我是悲觀主義者，但我不在意，我知道自己是個務實的人。根據我的經驗，人甚至不應該想要遠遠地跳脫舒適圈，我比較相信通往「奇蹟魔法」道路就該慢慢走。

大家口耳相傳的魔法到底在哪裡？

我發現只要自己不去煩惱關於金錢、結交新朋友、熟悉新環境和其他經常換環境會遇到的事情時，我在工作上的表現就會很出色。請不要誤會我的意思，不是說我比較喜歡在原地踏步，因為停滯對我來說就像是被判死刑一樣令人難受。

我相信人生有不同的階段，有時候你可以放輕鬆一點，努力精進自己的技能，修養自己的個性，大量投資在自己身上；有時候你需要勇敢出去冒險一下，畢竟人生苦短，你沒有時間一直裹足不前。這兩件事是相互關聯的，如果自己不努力又缺乏自信，你永遠不會有膽子去冒險。

我過去有好幾年的時間一直都想做我目前正在做的事情，但那時並沒有選擇立刻大步跳出舒適圈，而是一點一點地開啟了更大的全新挑戰。首先，我取得兩個管理相關的學位，之後和我父親一起創業，當時我可是每周工作六到七天。兩年後才改做自由行銷的工作，然後我又做了幾年自由工作者和自行創業（但失敗收場）。我後來去一間研究顧問公司上班，因為我想知道在一家大公司工作是什麼樣子，上了一年半的班之後，我終於決定在網路上寫文章討論生產力、職涯發展和創業家精神。雖然我對於自己所寫的幾大主題有十多年的經驗，但我並不是有問必答超厲害專家，只是真誠地分享我學到的東西。我自己是循序漸進地達成嚮往的目標，所以如果大力鼓吹大家最好馬上跳脫舒適圈，實在是很沒有說服力。

你有沒有嘗試過走出自己的舒適圈？即使只是走出一點點也行，你有什麼發現？財神小精靈立刻出現為你帶來巨大的收入？不可能會有這種發現的。那個關於舒適圈的心靈雞湯只是童話故事而已，可能會激勵一些人，但如果你不願意相信當然不必勉強，這就跟很多人聲稱如果想要成功就必須早起一樣，這到底是誰規定的？我相信如果你走出舒適圈，只會有更多的工作等著你去做，這一點也不夢幻，也跟奇蹟魔法無關，你只會付出更多血淚而已。

從舒適之處開始逐步達成

我認為大多數閱讀這類文章的人都希望有所成就，也許你想辭掉工作，創業、業務擴展，成為藝術家，出版一本書等等。你可能知道這並不容易，那麼，為什麼你會做一些讓自己感到非常不舒服的事，讓整體狀況變得更加困難？反之，我建議你從最基礎的步驟開始，好好打穩基礎，在做真正可怕的事情之前先保持心境的舒適。

你也要考慮自己有多少本錢可以燒？如果希望生活沒有壓力，銀行帳戶就需要有足夠的錢，讓你可以維持正常生活至少半年，以防事情發展不如意，請把它當成一道防線。再說一遍，請你務必好好計算這筆應急費該是多少，在存到這個金額之前，千萬不要急著去冒險。

另外，請你培養一套有價值的技能。我能不在乎錢的原因之一是相信自己有找到工作的能力，即使我明天破產了，也可以在第二天找到其他工作。我在這方面投入非常多年的光陰和數十萬美元，所以關鍵是你的技能是什麼？要如何為這個世界提升價值？你能解決什麼樣的問題？以下是一些可以幫你打穩基礎的元素：

1. 家庭：如果你還沒有家庭，那就建立一個家庭。
2. 朋友：你不可能和每個人都成為好朋友，但是請和一些願意伴隨你左右的人保持友誼吧。
3. 你自己：有意識地改善身心健康，這樣一來每天晚上睡覺時，你會發現自己變得更強壯和更有智慧。

最後，不要試圖成為一個非你本來面目的人。如果你是內向的人，不要假裝自己可以成為王牌推銷員，如果你是個外向的人，不要假裝你可以獨自工作。傾聽內心的聲音，沒有必要把自己逼得太緊，這只會害你的生活變得更慘。終究我們都需要舒適感，因為這是我們身為人類的基本需求之一，但我們也需要成長，因此無論你做什麼，都不要在舒適圈停留太久。嘗試每天持續進步，即使只是一小步也好，請記得事情並不是靠魔法一夕改變的，而是靠你自己不懈的努力。

只要相信，就能實現

我知道你在想什麼：「這個人八成只在社群媒體上讀過一兩句勵志金句，竟然敢告訴我們世界上沒有不可能的事，最好是啦。」我認為這世上並不缺少勵志文章、書籍、影片或社群貼文，但你並不需要灌下這麼多心靈雞湯。這種激勵不切實際，只是口號，沒有什麼實質內容，就像喝提神飲料一樣，效果很快就會消失，但這並不能否定「信念」是非常有用的工具，而且很多人都沒有充分利用。問題是我們大多數人都缺乏信念，我每次談論信念這個主題都是從實踐的角度來談。

請注意，我不是在談論希望、願望或信仰。我不相信那種「人只要盡量相信，好事就會發生」的說法，希望根本不是有用的生活策略，我更喜歡像實用主義者一樣審視事實並得出結論。不管你喜不喜歡，但你腦海中所浮現的一切好壞念頭，都是因為你相信它們：

- 「生活一團糟！」
- 「我不擅長我的工作。」
- 「我永遠找不到夢想中的工作。」
- 「沒人愛我。」
- 「我永遠不會成功。」

這些念頭之所出現，正是因為你相信它們會發生。美國心理學之父威廉·詹姆斯，同時也是實用主義的主要代表人物之一，他曾說過：「你的信念將有助於創造事實。」

信念是能塑造理想現實的有效工具

你有沒有想過，你的信念是由你決定的？不是朋友、同事、家人，甚至是媒體，而是你仔細觀察身邊的人事物之後，決定自己要相信什麼，這就是為什麼信念能創造出現實。實用主義者總是保持很實際的心態：

- **如果沒有腳踏實地地工作**，你永遠不會成為一個受人尊敬的領導者。
- **除非你採取行動**，否則生活永遠不會改變。

沒有行動就沒有成果可言，所以整個概念很簡單：你相不相信自己可以過上想要的生活？就這麼一句話，簡潔明瞭，但這是你必須真正去相信的事。宣稱自己相信是一回事，但是能夠真正相信又是另一回事。讓我分享個人經驗，我過往人生大部分的時間都活在恐懼之中，打從開始上高中起，身邊的人不斷告訴我：「如果你沒有好成績，就考不上好大學；如果你沒有好學位，就永遠找不到工作，你最後會變成孤獨終老、流落街頭的遊民。」

這個消息讓我十七歲的大腦進入完全的恐慌模式，我開始相信這個愚蠢的傳言，畢竟誰願意淪為遊民，孤獨終老？現在回想起來，這是典型不相信自己有能力的言論，因為某種程度上，人生總是會有別的道路可以選擇。然而，只要有人做了比較非常規的事情，或者說有點冒險的舉動，那麼常見的論調就是你會無家可歸、流落街頭，我遇到很多人都說自己曾在恐懼之下做出了重要的人生決定。

- 你是否討厭自己的工作，但也害怕再去找其他工作，因為可能會失去房子？
- 你曾經想要離開另一半，但又擔心自己從今以後將孤老終身嗎？
- 你是否害怕如果退學，父母會說什麼？所以勉強苦撐下去，把自己逼到死角？
- 你是否從不公開分享自己的作品，因為擔心別人會大肆嘲笑它們太爛了？

這些悲劇真的會發生嗎？或者只是你的想法？我想絕大部分是後者。過去我一直想成為作家，學生時代曾寫過情詩給我女朋友，老實說是寫得不怎麼樣，但是她很喜歡那些奇怪蹩腳的詩。除此之外，我喜歡閱讀，也喜歡寫下自己的想法，可是我生命中的每個成年人都試圖嚇退我：「當作家會餓死！」他們可能是對的，靠寫作謀生並不容易，不過那又怎麼樣？世界上任何值得投身其中的夢想都很困難，可惜我當時並沒有意識到這一點。

我反而因此放棄了原本的目標，決定選擇一條安全的人生道路而去攻讀管理學位。我並不後悔做這個決定，因為學到了很多有用的東西，但這段經歷讓我變成時時刻刻都在害怕的人，我對自己喪失信心，停止寫作和閱讀。唉，我當時浪費了多少時間啊，原本可以拿那些時間更加精進我的寫作技巧的。

你可以實現任何目標（只要你相信）

有什麼事情是你曾經相信，但因為害怕失敗就不再相信的？我想我們都經歷過這些歷程。一個不小心，你就會一直停留在原地，完全沒有進步，對我來說，直到兩、三年前，我才發現信念是種可以幫助自己實現目標的工具。那時不知何故，我開始閱讀實用主義相關的書籍，讓我的思維模式有了一百八十度的大轉變，我察覺到不相信自己是沒有助益的，於是決定相信自己可以過上內心渴望的生活。誠然，我還沒有做到可以只靠寫作就能應付所有開銷，我還需要靠經營公司跟從事顧問工作的收入來養家活口，但我確實透過自己的部落格賺了一些錢。不過這對十七歲的我來說，這樣的成果其實已經夠好了。總而言之，相信自己是非常簡單的，你也可以做到，只要明白信念是一種工具即可，這並不是什麼很新奇的概念，而是早已存在了數百年，只是每個世代、地區的人對它有不同的稱呼。

我不在乎你想怎麼稱呼它，但猜猜自從我把信念當成一項工具後發生了什麼事？大部分我曾經相信的事物，目前都已變成現實，我相信其他信念之後也終會變成現實。你問我為何這麼確定？因為我的頭腦可以想像它，如果你能夠在腦海中想像它，你就能實現它，這可不是心靈雞湯——這是事實。所以，你相信自己嗎？

以創造取代競爭

如果你認為自己必須爭取更好的工作或更高的市佔率，那麼你就和以前的我一樣落入陷阱。

競爭的概念深植人心，我們相信必須跟其他人競爭同樣的工作，如果有人在做A工作，就代表你不能有同樣的工作。如果別家公司擁有一定的市佔率，那就代表自家公司必須跟他們競爭，才能「奪取」他們的市佔率——至少，傳統建議都是這麼說的，這也是我在商學院學到的概念。商學院不斷教導我要跟其他企業競爭，我讀過的幾乎每一本商業書籍都認定「商業就是競爭」。

他們大錯特錯。當你認為自己必須與其他人或企業爭取金錢、工作或注意力，你的思維就受到侷限，反之，我們必須抱著豐盛的心態才對。自我成長領域的先驅華勒斯・華特斯曾說過：「你必須擺脫競爭的想法，你要做的是去創造，而不是去爭奪已經創造出來的東西。你不必從任何人手上拿走任何東西。」

傳統商業思想家所犯的最大錯誤是認為供給是有限的，但世事無絕對，即便真的供給有限好了，抱持這種心態也對自己有害。我認為大多數人（無論是創業家還是就業者），都擔心被別人捷足先登，導致失去客戶、生意、合約、關注，並最終失去我們如此努力想獲得的一切。

這正是問題所在，恐懼只會引發更多恐懼。當你害怕自己無法成長時，會發生什麼事？沒錯，你就真的不會成長。

生命是豐盛的

縱觀歷史，人類始終不斷前進，當然我們走過戰爭和經濟衰退時期，但最後總是會復甦和成長回來，所以當你預設這世界的經濟不會再成長時，其實就是在唱衰人類。我並不相信會這樣，人類總是能找到生存並繁榮發展的方式，這就是我們代代在做的事。

你必須相信我們處在一個豐盛的世界，人人都有足夠的機會和財富等待自己去挖掘，所以，千萬不要認為自己永遠不會成功，那樣的想法對你自己沒有幫助。

如果你找不到合適的職業，那就創造一個。人生並不容易，要找到一份真正讓你在心靈和經濟上都滿意的職業也不容易，就我所知，全球至少有數百萬人都面臨這項挑戰。但我也知道，你們當中很多人認為自己無法開創一番事業，從而限制了自己。不過，就像我認為企業家和公司應該共享市佔率，我認為每個人都應該開創一番事業。

為什麼你應該活得像可以長生不老的人一樣

我身邊的同儕似乎都認為「年輕氣盛」可以是對生活感到不滿的合理藉口，但千禧世代出生的人並不是唯一愛找藉口、拒絕面對人生現實的世代，大家都是如此。我了解，承擔責任確實很可怕，如果可以選擇，誰不想只要面對幸福夢幻的生活就好？但你知道什麼也很酷嗎？

- 建立讓你引以為傲、有意義的職業生涯。
- 為他人的生命做出貢獻。
- 創造有用的產品或服務。

- 為退休生活進行投資。

聽到這些，你可能會覺得：「是啊，不過我還年輕，享受才是第一優先。明天再說啦。」別再躲了，你還在等什麼？各位對生活感到不滿足的人，我想跟你們分享一個想法：**請開始想像你可以長生不老地活著**。我知道這看起來很奇怪，請先讓我解釋一下。一般而言，我們聽到的說法是生命總有結束的一天，並以此衍生出許多諺語：

- 「人生苦短。」
- 「你只能活一次。」（YOLO：You Only Live Once）
- 「活在當下。」

我也同意這一點，但是依循這種哲學過生活時，任何需要投入很長時間才能得到回報的事情就顯得沒有意義，畢竟如果你認為生命短暫，那到底為何還要做這些吃力不討好的事？從這個角度來看，不如每周撒錢玩樂，盡情喝酒吃美食，竭盡所能地揮霍度日。

然而，請問問自己：「我這麼做最後會獲得什麼樣的結果？」答案是

「一場空」。現在，讓我們來看看另一種觀點：你會永遠活在這世上。如果你永遠不會死，你的生活會有什麼不同？

反思自己的過去時，我也犯過類似的錯誤，把錢都花在衣服、奢侈品和旅遊假期上，但同時我也很著急，想在人生中達成很多目標，而且最好越快越好。我也像狗兒一樣，追逐每一個閃亮誘人的東西，甚至是盲目追著自己各種心血來潮的想法。不過，近期我開始抱持不同的心態：「假設我可以長生不老呢？」

我第一次出現這個想法是讀到馬可・奧理略在《沉思錄》中的一句話：「想像自己已死了，你已經度過自己的一生了，現在，就拿剩下來的生命真正地活著吧！」「真正地活著」是什麼意思？我認為每個人都有不同的想法，對我來說，真正地活著代表我對自己的生活感到滿意，我可以看著鏡子裡的自己，發自內心真誠地說：「我喜歡自己的人生。」

我對現在的生活真的很滿足嗎？不見得，因為不管是事業、房子還是其他東西，我都無法感到自豪，我太專注於「現在」了，只埋頭希望趕快達成很多目標。「你永遠不知道，明天或是意外哪個先來」這樣的心境其實可以馬上開始建立，沒有什麼比告訴某人他們快要死了、叫他們別再偷懶更有效的了。不過，一旦你開始努力創造自己的人生，這樣的想法其實也沒有什麼用，活在當下是一件很棒的事情，但就像人生中的很多事情一樣，過猶不及。

這就是為什麼我喜歡想像自己可以長生不老地活著，因為當你認為自己可以永遠活在這世上時：

- 你擁有足夠的時間來創造一些東西。
- 你可以犯錯並從中學習。
- 沒有必須讓目標趕快達成的壓力。
- 你會願意尊重他人，因為其他人也是長生不老。

這個心境上的小調適讓我對生命產生不同的看法，我不再害怕展望十年或二十年以後的人生，這有助於我今天做出更好的決定。

舉例而言，我寧願把錢存起來或投資，而不是隨意花掉，因為我知道

「未來的達瑞斯」會從中受益。

你問：「但是『現在』又會怎麼樣呢？」有趣的是，當我認真存錢，或者每天吃健康食物跟運動時，我都感到更加滿足。當我如此認為時，發現這個心境帶給我很多美好的感受。我們當然都知道自己總有一天會死，這是件好事，也是件壞事。

- 好事是因為死亡這件事帶給我們時間的緊迫感。
- 壞事是因為我們會因此忽視了長期的願景。

你要怎麼活？要當個普通人還是長生不老的人？不管怎樣，我希望你對自己的人生感到滿意和開心，因為說到底，這才是最重要的。

複利的力量：停止嘗試做所有事情，你就能實現任何目標

你是否有一長串的人生目標、願望和需求的清單？你想要學習更多嗎？賺得更多？提升你的技能？充分利用你的人際關係？想要活得更好？所有這些目標都很好，生活就是不斷跨步向前邁進，並持續追求進步，然而有一點很重要：你不能同時做所有事情。

這是常識，對吧？你的時間和精力是有限的，如果你承擔太多事情，最終能量就會變得過於分散，反之，將精力集中在一件事上會取得更好的成效。

成功是一點一滴累加的

一次專注於一件事，真正的成功就會發生。我第一次發現這個想法是在高中的時候，我正在準備期末考，決定一次只好好複習一個科目，直到我完全理解課程內容之後才繼續讀下一科。

我發現如果花幾天的時間讓自己徹底沉浸在某件事情上，我可以學得更快。我多數同學採取的策略是每天複習好幾科，我很不喜歡這種方法，因為能量太分散了。如果工作中我正在做A專案，就不會再接手B專案，又或者我正在編寫新的線上課程教材，就不會同時開始寫書。這個策略幫助我更快、更好地完成工作，當我專注於一件事情時，反而能達成更多目標。

《成功，從聚焦一件事開始》一書的兩位作者凱勒和巴帕森說得好：「我之所以取得巨大的成功，是因為把注意力集中在一件事上，當我想在其他領域獲得成功，我的焦點就會跟著改變。」你正同時進行很多事情嗎？你的注意力不只聚焦在一件事上嗎？這樣一來，你很有可能無法獲得最佳結果，情況甚至會變得更糟糕——試圖同時實現許多目標，很可能導致失敗。原因很簡單，大多數人都相信成功會同時發生，但現實生活不是這樣運作的，而是正如凱勒和巴帕森所言：「成功是接踵而至的，並不是同時到來的。」

請一步一步來，你先學習一項技能，然後再學另一個；你完成了一個專案，接著完成另一個專案。隨著時間的推移，你的所有成就全部加起來就會形成令人印象深刻的偉大功績，在金錢方面來說尤其如此。大多數人都是逐步累積財富的，很少有人只利用一次機會就坐擁鉅額身家。請不要去跟那些萬中選一的商業鉅子或演藝名人比較。

而且，你並不需要特殊的才能或技藝才能在人生中取得成功，只要你持續走下去，一個接著一個地實現目標，然後一點一滴地累積財富，你就更有可能過上美好的生活。這個方法簡單得多，而且非常有效，會否認這個說法的人多半是沒有耐心將這個道理應用到自己的生活中。我的一位指導顧問名

倫・巴菲特話題的釣魚文章，許多人佯稱你可以透過投資股票市場致富，你需要做的就是購買他們的課程，從此就能獲知所有財富的祕密。不過，這樣做是不對的，就我個人而言，我討厭股票，我認為普通人應該遠離華爾街，我比較喜歡房地產。總之，巴菲特是持續性成功的完美典範，你也可以透過日積月累的小行動來成就大事。

這一點不僅適用於金錢，也適用於培養技能、健康和人際關係。強健的身體不是一天、一個月、甚至是一年就能練就而成的，這需要多年的堅持不懈，捷徑並不存在。舉例來說，二十八歲以下的自行車手很少能贏得像環法自行車賽這樣的大型比賽，因為他們需要多年的時間來培養獲勝所需的實力、耐力和心態。

如果你想看到複利對你自己生活的影響，請開始一次專注於一件事（生活的各個方面皆然），並始終著眼於未來的展望。總而言之，只要付出努力就會到達目的地，誰在乎是明天還是二十年後？它一定會發生，這才是最重要的。

後記

生命的趣味不在於你所知道的事物，而是自己未知的事情。我們知道的永遠都太少，這對大家來說都是個好消息，因為代表直到我們死去的那一天為止，都可以繼續學習。我注意到的另一件事是我忘記了一些自己寫過的內容——「那是我寫的嗎？」我這麼想可不是在誇耀自己寫得多好，而是對於人有多善於遺忘感到驚訝。好消息是我察覺到了人性的缺陷，我們總是自以為是、認為自己懂得很多，但事實上，我們遺忘的比記住的還要多。

我會不斷地參考、翻閱之前學會的東西，因為我永遠不會認為自己已經「通盤掌握」這些知識，這個世上總是有更多事物要學習。

感謝你選購與閱讀這本書。請讓我知道你對本書的看法，如果你願意，歡迎隨時訂閱我在dariusforoux.com上的電子報，希望我們可以保持聯絡！

——**達瑞斯**

國家圖書館出版品預行編目 (CIP) 資料

死線患者的自救書 : 從根本解決拖延的「注意力管理心法」, 讓你今天就去做 !/ 達瑞斯 . 佛瑞克斯 (Darius Foroux) 著 ; 童唯綺譯 . -- 初版 . -- 臺北市
遠流出版事業股份有限公司 , 2024.07
面； 公分
譯自 : Do it today : overcome procrastination, improve productivity, and achieve more meaningful things
ISBN 978-626-361-752-0(平裝)

1.CST: 時間管理 2.CST: 工作效率 3.CST: 自我實現

494.01 113007997

死線患者的自救書

從根本解決拖延的「注意力管理心法」，讓你今天就去做！

作者——達瑞斯・佛瑞克斯（Darius Foroux）
譯者——童唯綺
總編輯——盧春旭
執行編輯——黃婉華
行銷企劃——王晴予
美術設計——王瓊瑤

發行人——王榮文
出版發行——遠流出版事業股份有限公司
地址——104005 台北市中山北路一段 11 號 13 樓
客服電話——(02)2571-0297
傳真——(02)2571-0197
郵撥——0189456-1
著作權顧問——蕭雄淋律師
ISBN ——978-626-361-752-0

2024 年 7 月 1 日 初版一刷
定價——新台幣 370 元
（缺頁或破損的書，請寄回更換）

YL 遠流博識網
http://www.ylib.com
E-mail: ylib@ylib.com